U0195707

高等学校土木工程专业毕业设计指导用书

混凝土框架结构设计

（第二版）

徐秀丽　韩丽婷　主编

叶燕华　主审

中国建筑工业出版社

图书在版编目（CIP）数据

混凝土框架结构设计/徐秀丽，韩丽婷主编. —2 版.
北京：中国建筑工业出版社，2015.12（2024.7重印）
高等学校土木工程专业毕业设计指导用书
ISBN 978-7-112-18847-5

Ⅰ.①混… Ⅱ.①徐… ②韩… Ⅲ.①钢筋混凝土框
架—结构设计—高等学校—教学参考资料 Ⅳ.①TU375.4

中国版本图书馆 CIP 数据核字（2015）第 303285 号

　　本书为土木工程专业毕业设计指导用书，主要内容包括结构选型与布
置、确定计算简图、框架内力计算、框架内力组合、框架梁柱截面设计、
楼梯结构设计、现浇楼面板设计、基础设计、PKPM软件在框架结构设计
中的应用、施工图绘制，由一个翔实完整的工程结构设计实例贯穿全书，
其间穿插结构设计各阶段的知识要点和计算分析方法，突出重点、难点，
并附有符合现行设计表达要求的、用平法表示的主要结构构件施工图。

　　全书安排的设计内容满足土木工程专业的教学计划要求，且符合社会
发展对土木工程专业房屋建筑方向毕业生的具体需要，可供高等院校全日
制本、专科毕业设计用书，也可供土木工程设计、施工、教学人员参考。

　　责任编辑：朱首明　李　明　吴越恺
　　责任校对：刘　钰　党　蕾

高等学校土木工程专业毕业设计指导用书
混凝土框架结构设计
（第二版）
徐秀丽　韩丽婷　主编
叶燕华　主审

*

中国建筑工业出版社出版、发行（北京西郊百万庄）
各地新华书店、建筑书店经销
霸州市顺浩图文科技发展有限公司制版
建工社（河北）印刷有限公司印刷

*

开本：787×1092毫米　1/16　印张：10¾　插页：5　字数：262千字
2016年4月第二版　　2024年7月第十五次印刷
定价：**28.00**元
ISBN 978-7-112-18847-5
（28112）

第二版前言

2008年出版的《混凝土框架结构设计》第一版，是按当时实行的行业规范编写的，但随着近年来设计规范的修订，书中一些内容已不符合设计要求，因此决定更新相关内容。

针对新版《混凝土结构设计规范》GB 50010—2010修改的相关内容有：①规范要求"贯彻落实'四节一环保'、节能减排与可持续发展的基本国策，淘汰低强材料，采用高强高性能材料，淘汰了235MPa级低强钢筋，增加500MPa级高强钢筋，并明确将400MPa级钢筋作为主力钢筋"，因此提高了设计例题的钢筋及混凝土强度等级；②规范补充、完善了构件截面设计的有关内容，统一了一般受弯构件与集中荷载作用下的梁的斜截面受剪承载力计算公式，调整了斜截面受剪承载力计算公式中箍筋抗力项的系数；对结构侧移的二阶效应，提出有限元分析方法及增大系数的简化考虑方法，在弯矩增大系数 η_{ns} 计算公式中，取消了构件不同长细比对截面曲率的修正系数 ζ_2；修改了受冲切承载力计算公式，设计例题均改用新版规范给出的计算公式进行计算。针对《建筑工程抗震设防分类标准》GB 50223—2008，对教育建筑中幼儿园、小学、中学的教学用房以及学生宿舍和食堂，设防类别均予以提高，明确了抗震设防类别应不低于重点设防类（乙类），由于书中设计例题为中学教学楼，因此升为乙类建筑。《建筑抗震设计规范》GB 50011—2010规定，乙类建筑抗震等级按提高一度后判断，由此，书中设计例题框架的抗震等级由三级升二级，在计算地震作用下梁、柱的配筋时，对梁、柱内力按二级进行调整，同时也根据新版抗震规范要求对框架结构的楼梯间进行了抗震设计。

为使本书的质量能得到不断地完善，自2008年第一版出版后，我们就一直留意收集使用者对本书的反馈意见，在本次修订中对错误之处进行了修改：将漏掉的一些填充墙的自重重新计入、部分建筑施工图与结构施工图轴线不一致以及其他一些笔误；也增加了一些容易使学生产生困惑的内容说明和我们的教研成果，如框架结构抗震等级分类依据、内力计算图表依据、偏压构件破坏类型判断标准等；考虑到目前建筑设计院使用SATWE较多，这次也增加了SATWE使用说明的内容。本指导书的再版初稿于2013年2月完成，并作为南京工业大学2013届土木工程专业学生毕业设计指导教材进行试用，又及时发现并纠正了一些错误。

南京工业大学的韩丽婷老师承担了本书再版修改的大量工作，由徐秀丽、叶燕华担任主编，叶燕华担任主审。2012级硕士研究生王文科同学完成了本书的设计例题的计算工作；第九章专业软件应用部分，得到了河南中建工程设计有限公司史莉娟高工的大力支持，史莉娟高工具有丰富的工程结构设计经验，对结构设计的主要参数如何合理设置及施工图的绘制进行了具体指导，使本书更具实用性。

特别感谢西南林业大学的刘德稳老师，我们素未谋面，但他多年来一直与编者保持邮件联系，对我们的工作给予了充分的肯定，并提出了很多具体而富有建设性的修改建议。我们真诚地希望能继续得到使用该指导书的广大师生及工程界朋友的关心支持，对书中的不足给予批评指正，让这本指导书能有更高质量的第三版甚至更高版本问世。

本书的再版得到了中国建筑工业出版社李明编辑的大力支持，并提出了宝贵的修改意见，对此表示衷心感谢。

第一版前言

目前土木工程专业房屋建筑工程方向本科毕业生虽然有相当一部分都直接从事建筑工程施工工作，但大多数学校仍将框架结构设计作为毕业设计的主要选题，主要是框架结构的结构类型在建筑结构中具有代表性，难度及工作量也较适宜于一般学生的学习水平。通过结构设计的全过程训练，帮助学生对建筑结构的基本概念、一般构造要求进行系统全面的梳理，对今后无论是从事设计、施工还是其他相关工作的毕业生都具有指导作用。为符合教育面向经济建设的具体需求，使新毕业的学生能更快地适应具体工作，编者认为应对毕业设计内容进行相应调整，宜以结构设计为主要内容，手算分析与专业软件分析相结合，并加入部分施工组织设计工作。

本指导书的编写体系采用两条平行路线，一部分为结构设计的基本概念、设计方法和计算步骤，另一部分为一非常翔实完整的工程结构设计实例。每一章都先对该部分要掌握的知识要点和计算分析方法进行简要阐述，突出重点、难点，在此基础上再通过设计实例提供具体的实施方法和步骤，使理论与实际充分融合。两部分内容互相穿插，可有目的地引导学生学习结构设计的基本理论知识和方法，有效避免对例题的生搬硬套。

本书第一章至七章、第十章由徐秀丽、韩丽婷编写，第八章由刘子彤编写，第九章由范苏榕、徐秀丽编写，第十一章由张国华编写，全书由徐秀丽统稿，叶燕华主审。本书书稿自2003年开始一直作为南京工业大学毕业设计内部指导指导书，每年都根据使用过程中指导教师和学生提出的意见建议进行修改完善，先后有多位研究生及本科生对本书的设计实例进行了累计十多遍的计算修改，力求每一个数据的准确性，使本指导书更具参考性。他们是99级专升本函授生无锡设计院的杨志诚工程师，02级研究生于兰珍、戴家东，02级本科生王海洋，05级研究生马文静，06级研究生马静静，特别是05级研究生徐士云，从本科毕业设计开始的近三年中，一直都在帮助完善设计实例，并完成了排版及部分插图工作，为此投入了大量的精力。刘伟庆教授、王曙光教授对本书的编写内容也提出了一些建设性建议，衷心感谢为本书付出辛勤劳动的同仁和同学们。

在撰写本书的过程中参考了较多的指导书、专业设计手册及国家规范，但由于编写时间较长，有些资料已难以列出，在此一并向有关作者表示感谢。

由于水平有限，书中错误及不当之处在所难免，敬请读者、专家指正，以便及时修正完善。

目 录

1   结构选型与布置

结构设计的主要内容包括：结构选型、结构布置、确定计算简图、选择合理简单的计算方法进行各种荷载作用下的内力计算、荷载效应组合、截面配筋设计（计算、构造）、绘制施工图。

1.1   结 构 选 型

结构选型是一个综合性问题，应选择合理的结构形式。根据结构受力特点，常用的建筑结构形式有：混合结构、框架结构、框架—剪力墙结构、剪力墙结构（一般剪力墙结构、筒体剪力墙结构、筒中筒剪力墙结构）等。混合结构主要是墙体承重，由于取材方便、造价低、施工方便，在我国广泛地应用于多层民用建筑中，但砌体结构强度低、自重大、抗震性能较差，一般用于 7 层及 7 层以下的建筑。框架结构是由梁、柱构件通过节点连接形成的骨架结构，框架结构的特点是由梁、柱承受竖向和水平荷载，墙体起维护作用，其整体性和抗震性均好于混合结构，且平面布置灵活，可提供较大的使用空间，也可构成丰富多变的立面造型，但随着层数和高度的增加，构件截面面积和钢筋用量增多，侧向刚度越来越难以满足设计要求，一般不宜用于过高的建筑。框架-剪力墙结构是在框架中设置一些剪力墙，既能满足平面布置灵活，又能满足结构抗侧力要求，一般常用于 10～25 层的建筑中。剪力墙结构是依靠剪力墙承受竖向及水平荷载，整体性好、刚度大、抗震性能好，常用于 20～50 层的高层建筑。现浇钢筋混凝土结构适用的最大高度见表 1-1。

现浇钢筋混凝土房屋适用的最大高度（m） 表 1-1

结构类型	抗震设防烈度				
	6	7	8(0.2g)	8(0.3g)	9
框　　架	60	50	40	35	24
框架-抗震墙	130	120	100	80	50
抗震墙	140	120	100	80	60
部分框支抗震墙	120	100	80	50	不应采用
框架-核心筒	150	130	100	90	70
筒中筒	180	150	120	100	80
板柱-抗震墙	80	70	55	40	不应采用

注：1. 房屋高度指室外地面到主要屋面板板顶的高度（不包括局部突出屋顶部分）；
　　2. 框架-核心筒结构指周边稀柱框架与核心筒组成的结构；
　　3. 部分框支抗震墙结构指首层或底部两层为框支层的结构，不包括仅个别框支墙的情况；
　　4. 表中框架结构，不包括异形柱框架；
　　5. 板柱-抗震墙结构指板柱、框架和抗震墙组成抗侧力体系的结构；
　　6. 乙类建筑可按本地区抗震设防烈度确定其适用的最大高度；
　　7. 超过表内高度的房屋，应进行专门研究和论证，采取有效的加强措施。

结构选型时需充分了解各类结构形式的优缺点、应用范围、结构布置原则和大致的构造尺寸等，根据建筑物高度及使用要求，结合具体建设条件，进行综合分析，从而做出最终的决定。结构设计中，选择合理科学的结构体系非常重要，是达到安全可靠、经济合理的重要前提。

实际工程中，多层与小高层常采用框架结构体系。在我国，由于经济水平及其他条件的限制，混凝土框架结构比钢框架结构应用要广，因此本书以混凝土框架结构作为分析实例。

1.2 结 构 布 置

进行混凝土框架结构布置的主要工作是合理地确定梁、柱的位置及跨度。其基本原则是：

（1）结构平面形状和立面体形宜简单、规则，使刚度均匀对称，减小偏心和扭转。

（2）控制结构高宽比，以减少水平荷载作用下的侧移。钢筋混凝土框架结构高宽比限值为：非抗震设防时为5；6度、7度抗震设防时为4；8度抗震设防时为3。

（3）尽量统一柱网及层高，以减少构件种类规格，简化梁柱设计及施工。

框架结构的柱网尺寸，即平面框架的柱距（开间、进深）和层高，首先要满足生产工艺和其他使用功能的要求。柱网布置方式可分为内廊式、等跨式、不等跨式等几种，如图1-1所示；其次是满足建筑平面功能的要求，如图1-2所示。此外，平面应尽可能简单规则、受力合理，使各构件跨度、内力分布均衡，如图1-3所示。工程实践中常用的梁、板

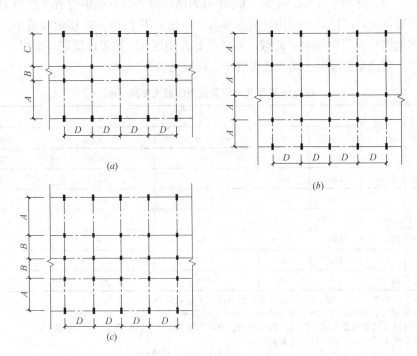

图 1-1　多层框架柱网布置

(a) 内廊式；(b) 等跨式；(c) 对称不等跨式

跨度：主梁（与框架柱相连且承担楼面板主要荷载的梁）跨度5～8m，次梁跨度4～6m；单向板跨 1.7～2.5m，一般不宜超过 3m，双向板跨 4m 左右，荷载较大时宜取较小值，因为板跨直接影响板厚，而板的面积较大，板厚度的增加对材料用量及结构自重增加影响较大。

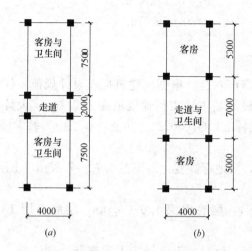

图 1-2　旅馆横向柱列布置

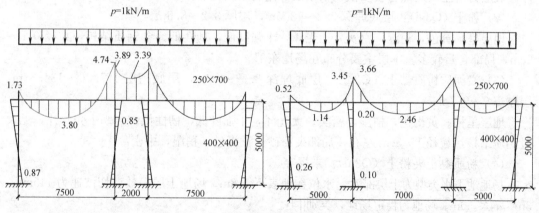

图 1-3　结构布置对框架内力分布的影响

（4）房屋的总长度宜控制在最大温度伸缩缝间距内，当房屋长度超过规定值时，伸缩缝将房屋分成若干温度区段。伸缩缝是为了避免温度应力和混凝土收缩应力使房屋产生裂缝而设置的。在伸缩缝处，基础顶面以上的结构和建筑全部分开。现浇钢筋混凝土框架结构的伸缩缝最大间距为 55m。

确定层高、柱网尺寸后，应选择合理的结构平面布置方案，即选择合理的楼盖类型，详见第 7 章。

1.3　设计例题已知条件

工程名称：江苏省南京市六合区某中学教学楼

根据建筑方案图，本工程结构为四层钢筋混凝土框架，建筑面积约 $2800m^2$，建筑一层平面图、南立面图、东立面图及剖面图分别如图 1-4～图 1-7 所示，结构标准层平面及剖面简图如图 1-8、图 1-9 所示，其他条件如下：

1. 气象资料

(1) 基本风压值： $w_0 = 0.40kN/m^2$

(2) 基本雪压值： $s_0 = 0.65kN/m^2$

2. 水文地质资料

场地条件：

本项目场地位于南京市六合，根据《建筑抗震设计规范》GB 50011—2010，南京市抗震设防烈度为 7 度，设计基本地震加速度值应为 0.10g，设计地震分组第一组。依据《建筑工程抗震设防分类标准》GB 50223—2008，本工程为教学楼建筑，抗震设防类别应为重点设防类（乙类）。

拟建场地地表平整，场地标高变化范围在 6.72～7.25m，土层分布如图 1-9 所示。各土层特征分述如下：

(1) 杂填土（Q4eol）：层底埋深 1.0～6.0m，层底高层 135.90～147.12m，层厚 1.0～1.4m。

地层呈褐黄色，稍湿，松散。无光泽，干强度低，韧性低。含建筑垃圾、蜗牛壳碎片。表层为耕土，局部含较多植物根系及少量腐殖质斑点。

(2) 粉土（Q3al）：层底埋深 2.8～13.5m，层厚 3.2～8.5m。

地层呈褐黄色，稍湿，密实。无光泽，干强度低，韧性低。含钙质结核，粒径 0.5～2cm，局部含量较多。本层主要分布在场地东部。

(3) 淤泥质粉质黏土（Q3al）：层底埋深 3.5～5.0m，层底高层 127.36～134.58m，层厚 1.0～9.7m。

地层呈褐、黄褐色，稍湿，密实。无光泽，干强度低，韧性低。含蜗牛壳碎片，见大量钙质结核，粒径 1～3cm 左右，局部夹粉砂，黄褐色，稍湿，中密。

(4) 粉质黏土夹粉土（Q3al）：未揭穿。

场地地下水类型为上层滞水，水位在地表下 1.8m。场地土层等效剪切波速为 145m/s，$3m \leqslant d_{ov} \leqslant 50m$。场地为稳定场地，类别Ⅱ类。

根据原位测试及土工试验结果，结合地区建筑经验，综合确定地基土承载力特征值 f_{ak}、压缩指标见表 1-2。

地基土承载力特征值、压缩模量表　　　　　　　　　　表 1-2

层 号	压缩模量 E_{S1-2}(MPa)	压缩性评价	承载力特征值 f_{ak}(kPa)
(1)			
(2)	7.0	中	120
(3)	4.0	高	65
(4)	8.8	中	160

3. 抗震设防烈度：7 度（假定场地覆盖层厚度大于 9m，小于 80m）。

4. 荷载资料

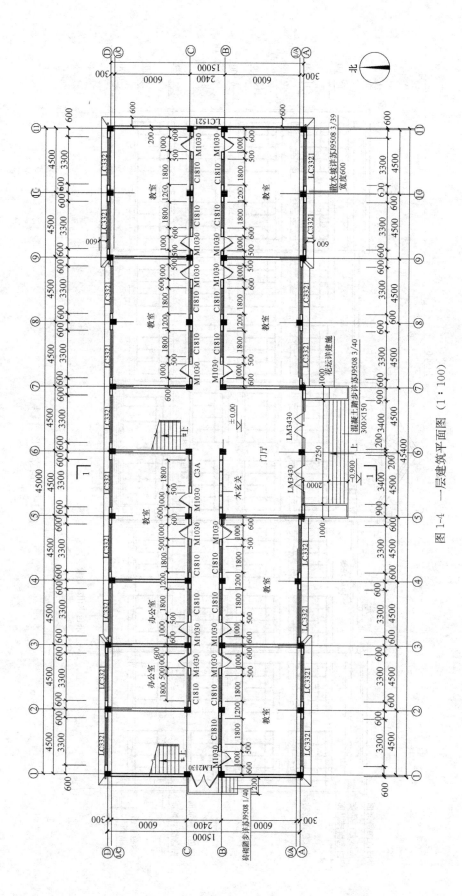

图 1-4 一层建筑平面图 (1：100)

5

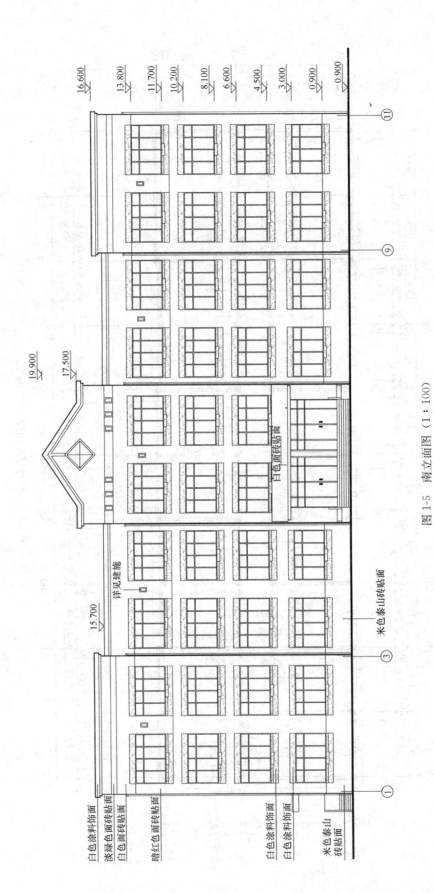

图 1-5 南立面图（1：100）

（1）教学楼楼面活荷载，查《建筑结构荷载规范》GB 50009—2012，确定教室楼面活荷载标准值为 $2.5kN/m^2$，教学楼走廊、楼梯楼面活荷载标准值为 $3.5kN/m^2$。

（2）不上人屋面：活荷载标准值为 $0.7kN/m^2$。

（3）屋面构造：

保护层：20mm 厚 1∶2.5 或 M15 水泥砂浆，表面应抹平压光，并设分隔缝，分隔面积宜为 $1m^2$。隔离层：$200g/m^2$ 聚酯无纺布。

防水层：1.2mm 厚合成高分子防水卷材两道。

找平层：20mm 厚 1∶2.5 水泥砂浆。

保温层：75mm 厚挤塑板。

找坡层：膨胀珍珠岩，坡度宜为 3‰，最薄处不得小于 30mm。

（4）楼面构造：

水泥楼面：10mm 厚 1∶2 水泥砂浆面层压实抹光、15mm 厚 1∶3 水泥砂浆找平层、现浇钢筋混凝土楼面板、12mm 厚纸筋石灰粉平顶。

（5）围护墙：围护墙采用 200mm 厚混凝土空心小砌块（重度 $2.36kN/m^2$），M5 混合砂浆砌筑，双面粉刷（重度 $3.6kN/m^2$），每开间采用 3300mm×2100mm（$b×h$）通长塑钢窗。

本工程采用全现浇框架结构，由于开间较小，双向板的跨度超过经济跨度不多，同时考虑使用要求，在楼面不设次梁。

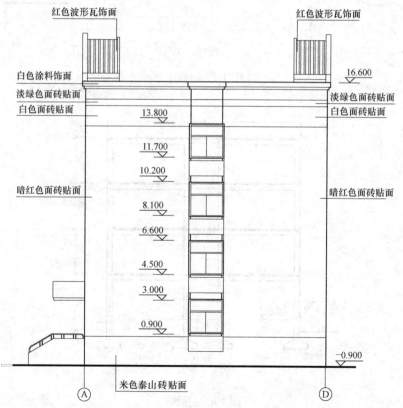

图 1-6　东立面图

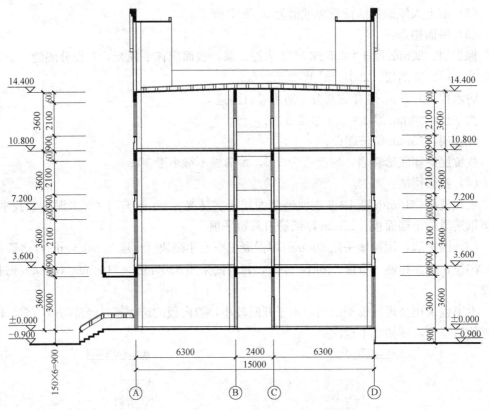

图 1-7 剖面图

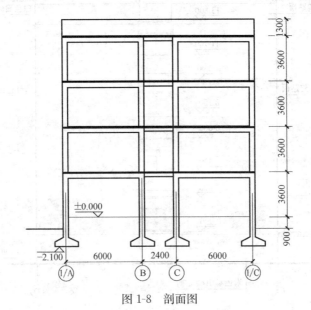

图 1-8 剖面图

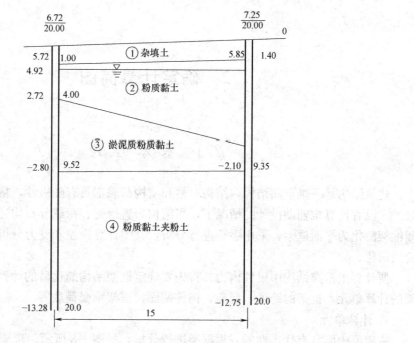

图 1-9 土层分布

2 确定计算简图

2.1 基本理论

建筑结构是三维空间结构，结构材料和结构荷载都具有随机性，精确分析结构十分困难。在没有计算机辅助设计的情况下，当结构布置规则、荷载分布均匀时，我们通常将空间框架简化为平面框架，采用手算进行分析，其中计算模型和受力分析都必须进行不同程度的简化。

要计算出框架结构中梁柱内力，首先要确定框架结构简化后的计算简图，即需确定框架的计算单元，框架的跨度，层高，构件截面，框架承受荷载等。

1. 计算单元

一般取中间具有代表性的一榀框架进行分析，如图 1-8 所示。现浇框架梁柱的连接节点简化为刚接，框架柱与基础的连接简化为固接。

2. 跨度、层高

结构计算简图中，框架梁的跨度取柱子中心线之间的距离，当上下层柱截面尺寸变化时，一般以最小截面的形心线来确定。梁的计算跨度为两侧柱中心线的距离，不一定是定位轴线的距离，因为对框架结构，目前设计院定位轴线的确定有两种方法：以墙中心线和以柱中心线为基准，只有定位轴线与柱中线重合时，梁的计算跨度等于定位轴线距离。框架层高，底层取基础顶面到二层楼板结构顶面的距离，其余层取下层结构楼面到上层结构楼面的距离。此阶段由于基础设计还未进行，可初步估算基础顶面的位置：根据地基土层的分布情况，初步确定基础的形式、基础高度和持力层位置，即可估算出基础顶面的位置，如图 2-1 所示。当基础埋置较深，若采用刚性地面，也可直接采用 h_1＝底层层高＋0.5m 进行计算。

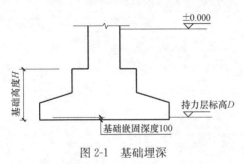
图 2-1 基础埋深

3. 构件材料选择

（1）混凝土

选择混凝土强度等级时要根据混凝土结构的环境类别，满足混凝土耐久性要求；素混凝土结构的混凝土强度等级不应低于 C15；钢筋混凝土结构的混凝土强度等级不应低于 C20；采用强度等级 400MPa 及以上的钢筋时，混凝土强度等级不应低于 C25。预应力混凝土结构的混凝土强度等级不宜低于 C40，且不应低于 C30。承受重复荷载的钢筋混凝土构件，混凝土强度等级不应低于 C30。

抗震设计时，剪力墙不宜超过 C60；其他构件，9 度时不宜超过 C60，8 度时不宜超过 C70。框支梁、框支柱以及一级抗震等级的框架梁、柱及节点，不应低于 C30；其他各类结构构件，不应低于C20。为便于施工，梁、柱混凝土最好采用相同强度等级，常用C30～C40。

（2）钢筋

对于钢筋混凝土框架梁、柱等主要结构构件的受力钢筋宜采用热轧带肋钢筋；梁、柱纵向受力普通钢筋应采用 HRB400、HRB500、HRBF400、HRBF500 钢筋；箍筋宜采用 HRB400、HRBF400、HPB300、HRB500、HRBF500 钢筋，也可采用 HRB335、HRBF335 钢筋。

4. 构件截面估算及弯曲刚度的确定

（1）柱

框架柱的截面尺寸应符合下列要求：

1）矩形截面柱，在非抗震设计时，边长不宜小于 250mm，抗震等级为四级或层数不超过 2 层时，其最小截面尺寸不宜小于 300mm，一、二、三级抗震等级且层数超过 2 层时不宜小于 400mm；圆柱的截面直径，抗震等级为四级或层数不超过 2 层时不宜小于 350mm，一、二、三级抗震等级且层数超过 2 层时不宜小于 450mm；

2）柱的剪跨比宜大于 2；

3）柱截面长边与短边的边长比不宜大于 3。

若采用横向或纵向承重框架，框架柱宜采用矩形截面，若采用纵横向承重框架，则宜采用方形截面。柱轴压比不宜超过《建筑抗震设计规范》GB 50011—2010 表 6.3.6 的规定，即抗震等级分别为一、二、三、四的框架结构，柱轴压比限值分别为 0.65、0.75、0.85、0.90。轴压比是指柱组合的轴压力设计值与柱的全截面面积和混凝土轴心抗压强度设计值乘积之比值。在初步估算柱截面面积时，应满足下式：

$$A_c \geqslant \frac{N_c}{\mu \cdot f_c}$$

式中　N_c——考虑地震荷载组合时柱的轴力设计值，可进行初步估算，$N_c = C \cdot N$；

　　　C——弯矩对框架柱轴力的影响，中柱扩大系数取 1.1，边柱 1.2；

　　　μ——轴压比，柱轴压比不宜超过《建筑抗震设计规范》GB 50011—2010 的规定。

$N = n \times (12 \sim 14) \mathrm{kN/m} \cdot S$，$S$ 为该柱承担的楼面荷载面积，近似按 1/2 柱距划分；n 为所计算柱以上的楼层数。

（2）梁

梁的截面尺寸，宜符合下列各项要求：截面宽度不宜小于 200mm；截面高宽比不宜大于 4；净跨与截面高度之比不宜小于 4。梁截面一般可先按下列方法估算：

1）框架主梁：$h = (1/12 \sim 1/8)l$，$b = (1/3.5 \sim 1/2)h$，$b \geqslant bc/2$，$\geqslant 250\mathrm{mm}$；

2）框架纵梁、承重梁：$h = (1/12 \sim 1/8)l$；非承重梁：$h = (1/18 \sim 1/15)l$；

3）次梁：$h = (1/18 \sim 1/15)l$。

其中 h 为梁截面高度，b 为梁截面宽度，b_c 为柱截面宽度，l 为梁的跨度。

在初步确定梁尺寸后，可按全部荷载的 0.6～0.8 作用在框架梁上，按简支梁进行抗弯、抗剪截面校核，验算梁截面尺寸的合理性。

（3）现浇板

连续单向板板厚 $h \geq l/30$，连续双向板厚 $h \geq l/40$，$h \geq 80$；其中 l 为板的短边跨度。

在计算梁、柱弯曲刚度时，应考虑楼盖对框架梁的影响，在现浇楼盖中，中框架梁的截面惯性矩取 $I = 2I_0$；边框架梁取 $I = 1.5I_0$；在装配整体式楼盖中，中框架梁的截面惯性矩取 $I = 1.5I_0$；边框架梁取 $I = 1.2I_0$，I_0 为框架梁按矩形截面计算的截面惯性矩。框架柱的惯性矩按实际截面尺寸确定。梁、柱抗弯线刚度按 $i = EI/l$ 计算，式中 E 为混凝土弹性模量，l 为梁、柱长度，I 为梁、柱截面惯性矩。

5. 荷载

框架结构一般承担的荷载主要有：楼（屋）面永久荷载（恒载）、使用活荷载、风荷载、地震作用及框架自重。

（1）楼（屋）面永久荷载（恒载）

包括楼（屋）面板自重、建筑面层自重、顶棚自重，永久荷载标准值等于构件的体积乘以材料的自重。构件材料的自重可从《建筑结构荷载规范》GB 50009—2012 中查得。

（2）楼（屋）面活荷载

活荷载根据建筑结构的使用功能由《建筑结构荷载规范》GB 50009—2012 查出，活荷载一般为面荷载。

多、高层建筑中的楼面活荷载，不可能以荷载规范所给的标准值同时满布在所有的楼面上，所以在结构设计时可考虑楼面活荷载折减。

对于住宅、宿舍、旅馆、办公楼、医院病房、托儿所、幼儿园的楼面梁，当其负荷面积大于 $25m^2$ 时，折减系数为 0.9。

对于墙、柱、基础，则需根据计算截面以上楼层数的多少取不同的折减系数，见表 2-1。

活荷载按楼层数的折减　　　　　　　　　　　　　　　　　　　　表 2-1

墙,柱,基础计算截面以上层数	1	2~3	4~5	6~8	9~20	>20
计算截面以上各楼层活荷载总和的折减系数	1.00 (0.9)	0.85	0.70	0.65	0.60	0.55

注：当楼面梁的从属面积超过 $25m^2$ 时，采用括号里的系数。

楼（屋）面恒、活荷载的传递路线：楼面竖向荷载→楼板→梁（主梁、次梁）→柱→基础→地基。

图 2-2（a）框架结构，不同的楼面结构布置，其荷载传递路线也不相同。

1）横向布置空心板：横向框架承重，楼面竖向荷载→楼板→横向框架梁→柱→基础→地基；

2）竖向布置空心板：纵向框架承重，楼面竖向荷载→楼板→纵向框架梁→柱→基础→地基；

3）现浇单向板肋梁楼盖，设如图 2-2（b）所示次梁，Ⓐ～Ⓑ、Ⓑ～Ⓒ跨近似为单向板肋梁楼盖，荷载传递路线为：楼面竖向荷载→楼板→次梁→主梁（横向框架梁）→柱→基础→地基。填充墙自重直接传递至支承梁上。

4）双向板肋梁楼盖：现浇楼面板的长短边之比小于 2 时为双向板，否则为单向板，

图 2-2（a）结构楼面若采用现浇板，不设次梁，则为双向板。此时楼面竖向荷载的荷载传递路线为：楼面竖向荷载→楼板→纵、横向框架梁→柱→基础→地基，双向板传向框架梁的路线如图 2-3 所示。

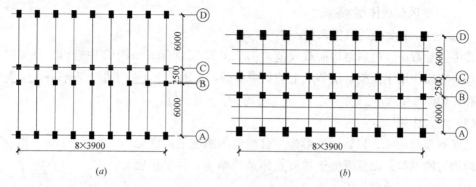

(a)   (b)

图 2-2 结构布置对荷载传递路线的影响
（a）框架柱轴线图；（b）单向板肋梁楼盖（双向承重框架）

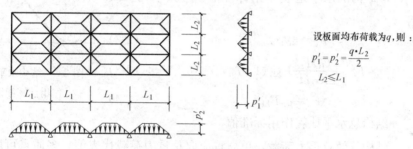

图 2-3 双向板承重框架

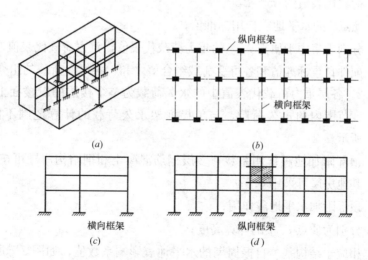

(a)   (b)

横向框架   纵向框架
(c)   (d)

图 2-4 框架节点集中风荷载计算范围

（3）风荷载

主体结构计算时，垂直于建筑物表面的风荷载标准值应按下式计算：

$$w_k = \beta_z \cdot \mu_s \cdot \mu_z \cdot w_0 \tag{2-1}$$

式中 w_k——风荷载标准值（kN/m^2）；

         w_0——基本风压（kN/m^2）；

         μ_z——风压高度变化系数；

         μ_s——风荷载体型系数；

         β_z——z 高度处的风振系数。

    式中各参数由《建筑结构荷载规范》第 7.1 节 GB 50009—2012 中查得。计算时，将风荷载换算成作用于框架每层节点上的集中荷载，范围是上下各半层、左右各 1/2 跨的风压总和，如图 2-4 所示。

    （4）地震作用

    高度不超过 40m、以剪切变形为主且质量和刚度沿高度分布比较均匀的结构，以及近似于单质点体系的结构，可采用底部剪力法简化计算地震作用。

    采用底部剪力法时，各楼层可仅取一个自由度（计算简图如图 2-5 所示），结构的水平地震作用标准值，应按下列公式确定：

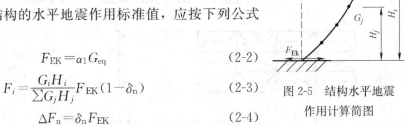

$$F_{EK} = \alpha_1 G_{eq} \tag{2-2}$$

$$F_i = \frac{G_i H_i}{\sum G_j H_j} F_{EK}(1-\delta_n) \tag{2-3}$$

$$\Delta F_n = \delta_n F_{EK} \tag{2-4}$$

图 2-5 结构水平地震作用计算简图

式中 F_{Ek}——结构总水平地震作用标准值；

       G_{eq}——结构等效总重力荷载，单质点应取总重力荷载代表值，多质点可取总重力荷载代表值的 85%；

        F_i——质点 i 的水平地震作用标准值；

  G_i，G_j——分别为集中于质点 i、j 的重力荷载代表值，重力荷载代表值应取结构和构配件自重标准值和各可变荷载组合值之和，各可变荷载的组合系数见表 2-2。各层重力荷载代表值中的永久荷载为整个楼层的以楼面上下各半层高度范围内的永久荷载，与单榀框架永久荷载的计算范围不同，如图 2-6 所示。

        δ_n——顶部附加地震作用系数，多层钢筋混凝土和钢结构房屋可按表 2-3 采用，其他房屋可采用 0.0；

       ΔF_n——顶部附加水平地震作用；

  H_i，H_j——分别为质点 i、j 的计算高度；

        α_1——相应于结构基本自振周期的水平地震影响系数值，如图 2-7 所示；建筑结构的地震影响系数应根据烈度、场地类别、设计地震分组和结构自振周期以及阻尼比确定。其水平地震影响系数最大值应按表 2-4 采用；特征周期应根据场地类别和设计地震分组按表 2-5 采用，计算 8 度、9 度罕遇地震作用时，特征周期应增加 0.05s。

组合值系数 表 2-2

可变荷载种类		组合值系数
雪荷载		0.5
屋面积灰荷载		0.5
屋面活荷载		不计入
按实际情况计算的楼面活荷载		1
按等效均布荷载计算的楼面活荷载	藏书库、档案库	0.8
	其他民用建筑	0.5
吊车悬吊物重力	硬钩吊车	0.3
	软钩吊车	不计入

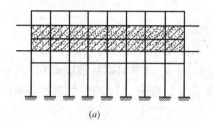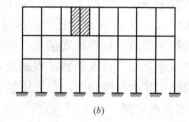

图 2-6 重力荷载代表值计算范围

(a) 重力荷载代表值计算范围；(b) 单榀框架恒载计算范围

顶部附加地震作用系数 表 2-3

$T_g(s)$	$T_1 > T_g$	$T_1 \leqslant 1.4 T_g$
$T_g \leqslant 0.35$	$0.08 T_1 + 0.07$	
$0.35 < T_g \leqslant 0.55$	$0.08 T_1 + 0.01$	0.0
$T_g > 0.55$	$0.08 T_1 - 0.02$	

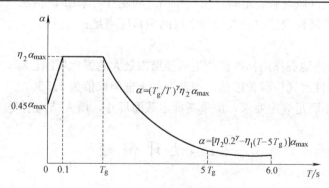

图 2-7 地震影响系数曲线

α—地震影响系数；α_{max}—地震影响系数最大值；η_1—直接下降段的下降斜率调整系数；

γ—衰减指数；T_g—特征周期；η_2—阻尼调整系数；T—结构自震周期

水平地震影响系数最大值 表 2-4

地震影响	6 度	7 度	8 度	9 度
多遇地震	0.04	0.08(0.12)	0.16(0.24)	0.32
罕遇地震	0.28	0.50(0.72)	0.90(1.20)	1.40

注：括号内数值分别用于设计基本地震加速度为 0.15g 和 0.30g 的地区。

特征周期表（s）   表 2-5

设计地震分组	场地类别				
	I₀	I₁	II	III	IV
第一组	0.20	0.25	0.35	0.45	0.65
第二组	0.25	0.30	0.40	0.55	0.70
第三组	0.30	0.35	0.45	0.65	0.90

建筑结构地震影响系数曲线（图 2-7）的阻尼调整和形状参数应符合下列要求：

除有专门规定外，建筑结构的阻尼比应取 0.05，地震影响系数曲线的阻尼调整系数应按 1.0 采用，形状参数应符合下列规定：

1）直线上升段，周期小于 0.1s 的区段。

2）水平段，自 0.1s 至特征周期区段，应取最大值（α_{max}）。

3）曲线下降段，自特征周期至 5 倍特征周期区段，衰减指数应取 0.9。

4）直线下降段，自 5 倍特征周期至 6s 区段，下降斜率调整系数应取 0.02。

T_1 为结构基本自振周期，对于质量、刚度沿竖向分布比较均匀的框架结构，可按下式计算基本自振周期：

$$T_1 = 1.70\alpha_0 \sqrt{\Delta T} \qquad (2-5)$$

α_0 为考虑非承重墙体刚度对结构周期的调整系数，当采用实砌填充砖墙时取 0.6~0.7；当采用轻质墙、外挂墙板时或仅有纵墙时，取 0.8，无纵墙时取 0.9。ΔT 为结构顶点的假想位移值，是以各质点的重力荷载代表值 G_i 作为水平荷载求得的结构顶点水平位移。

采用底部剪力法时，突出屋面的屋顶间、女儿墙、烟囱等的地震作用效应，宜乘以增大系数 3，此增大部分不应往下传递，但与该突出部分相连的构件应予计入。

计算水平荷载（风荷载、地震作用）作用下的侧移可采用 D 值法（详见第 3 章），水平荷载作用下框架结构楼层内最大的弹性层间位移应满足：

$$\Delta u_e \leqslant [\theta_e] h \qquad (2-6)$$

式中 Δu_e——多遇地震作用标准值产生的楼层内最大的弹性层间位移。

    $[\theta_e]$——弹性层间位移角限值，钢筋混凝土框架取值为 1/550。

若水平侧移不满足规定要求，应重新确定截面尺寸，增大结构刚度。

2.2 设 计 例 题

2.2.1 确定计算简图

本工程横向框架计算单元取图 1-8 中斜线部分所示范围，框架的计算简图假定底层柱下端固定于基础，按工程地质资料提供的数据，查《建筑抗震设计规范》GB 50011—2010 可判断该场地为 II 类场地土，地质条件较好，初步确定本工程基础采用柱下独立基础，挖去所有杂填土，基础置于第二层粉质黏土层上，基底标高为设计相对标高－2.10m（图 8-5）。柱子的高度底层为：$h_1 = 3.6 + 2.1 - 0.5 = 5.2$m（初步假设基础高度 0.5m），二至四层柱高为 $h_2 \sim h_4 = 3.6$m。柱节点刚接，横梁的计算跨度取两柱中心线至中心的间距离，三跨的计算跨度分别为：$l = 6000\text{mm}$、2400mm、6000mm。计算简图如图 2-8 所示。

2.2.2 梁、柱截面尺寸

（1）框架柱：③、⑨轴边柱为 $450\text{mm} \times 550\text{mm}$，⑤、⑥、⑦轴与 A 轴相交的边柱由构造定为 $400\text{mm} \times 500\text{mm}$，其余均为 $400\text{mm} \times 400\text{mm}$；

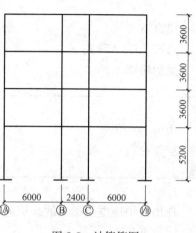

（2）梁：横向框架梁 AB 跨、CD 跨：$250\text{mm} \times 600\text{mm}$，BC 跨：$250\text{mm} \times 400\text{mm}$。纵向框架梁：$250\text{mm} \times 500\text{mm}$。

（3）板厚：AB，CD 跨板厚取 120mm；BC 跨取 100mm。

2.2.3 材料强度等级

混凝土均采用 C30 级；受力钢筋采用 HRB400 钢筋，箍筋采用 HPB300 钢筋。

2.2.4 荷载计算

本例题以⑧轴线横向框架为计算分析对象。

图 2-8 计算简图

1. 屋面横梁竖向线荷载标准值

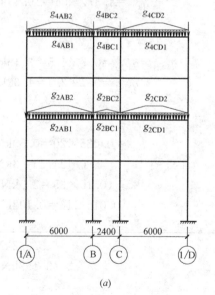

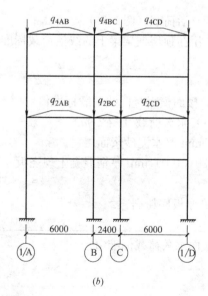

(a)   *(b)*

图 2-9 荷载计算简图

(a) 永久荷载作用下结构计算简图；*(b)* 活载作用下结构计算简图

（1）永久荷载（图 2-9*a*）

屋面永久荷载标准值

35mm 厚架空隔热板 $0.035 \times 25 = 0.875\text{kN/m}^2$

防水层 0.4kN/m^2

20mm 厚 1∶2.5 水泥砂浆找平层 $0.02 \times 20 = 0.4 \text{kN/m}^2$

120 (100) mm 厚钢混凝土现浇板 $0.12 \times 25 = 3 \text{kN/m}^2$

(AB, CD 跨板厚取 120mm; BC 跨取 100mm) $(0.10 \times 25 = 2.5 \text{kN/m}^2)$

12 厚纸筋石灰粉平顶 $0.012 \times 16 = 0.192 \text{kN/m}^2$

屋面永久荷载标准值 4.87kN/m^2

                                                 (4.37kN/m^2)

梁自重

边跨 AB、CD 跨 $0.25 \times 0.6 \times 25 = 3.75 \text{kN/m}$

梁侧粉刷 $2 \times (0.6 - 0.12) \times 0.02 \times 17 = 0.33 \text{kN/m}$

                                                   4.08 kN/m

中跨 BC 跨 $0.25 \times 0.4 \times 25 = 2.5 \text{kN/m}$

梁侧粉刷 $2 \times (0.4 - 0.1) \times 0.02 \times 17 = 0.19 \text{kN/m}$

                                                   2.69kN/m

作用在顶层框架梁上的线恒荷载标准值为

梁自重 $g_{4AB1} = g_{4CD1} = 4.08 \text{kN/m}$, $g_{4BC1} = 2.69 \text{kN/m}$

板传来的荷载 $g_{4AB2} = g_{4CD2} = 4.87 \times 4.5 = 21.9 \text{kN/m}$

                             $g_{4BC2} = 4.37 \times 2.4 = 10.49 \text{kN/m}$

(2) 活荷载 (图 2-9*b*)

作用在顶层框架梁上的线活荷载标准值为

                         $q_{4AB} = q_{4CD} = 0.7 \times 4.5 = 3.15 \text{kN/m}$

                                $q_{4BC} = 0.7 \times 2.4 = 1.68 \text{kN/m}$

2. 楼面横梁竖向线荷载标准值

(1) 永久荷载 (图 2-9*a*)

25mm 厚水泥砂浆面层 $0.025 \times 20 = 0.50 \text{kN/m}^2$

120 (100) mm 厚钢混凝土现浇板 $0.12 \times 25 = 3 \text{kN/m}^2$

                                  $(0.10 \times 25 = 2.5 \text{kN/m}^2)$

12 厚板底粉刷 $0.012 \times 16 = 0.192 \text{kN/m}^2$

楼面永久荷载标准值 3.692kN/m^2

                                             (3.192kN/m^2)

边跨 (AB, CD 跨) 框架梁自重 4.08kN/m

中跨 (BC 跨) 梁自重 2.69kN/m

作用在楼面层框架梁上的线恒荷载标准值为

梁自重 $g_{AB1} = g_{CD1} = 4.08 \text{kN/m}$

                                       $g_{BC1} = 2.69 \text{kN/m}$

板传来荷载 $g_{AB2} = g_{CD2} = 3.692 \times 4.5 = 16.61 \text{kN/m}$

$$g_{BC2}=3.192\times2.4=7.66\text{kN/m}$$

（2）活荷载（图 2-9b）

楼面活荷载

$$q_{AB}=q_{CD}=2.5\times4.5=11.25\text{kN/m}$$
$$q_{BC}=3.5\times2.4=8.4\text{kN/m}$$

3. 屋面框架节点集中荷载标准值（图 2-10）

（1）永久荷载

边跨纵向框架梁自重　　　　　　　$0.25\times0.50\times4.5\times25=14.06\text{kN}$

粉刷　　　　　　　　　　　$2\times(0.50-0.12)\times0.02\times4.5\times17=1.16\text{kN}$

1.3m 高女儿墙　　　　　　　　　$1.3\times4.5\times2.36=13.81\text{kN}$

粉刷　　　　　　　　　　　　$1.3\times2\times0.02\times4.5\times17=3.98\text{kN}$

纵向框架梁传来屋面自重　　　　　$0.5\times4.5\times0.5\times4.5\times4.87=24.65\text{kN}$

顶层边节点集中荷载　　　　　　　　　　　　　$G_{4A}=G_{4D}=57.66\text{kN}$

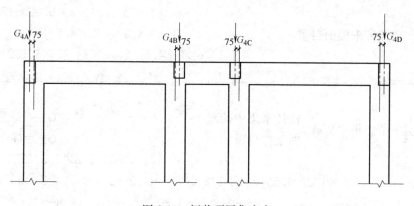

图 2-10　恒载顶层集中力

中柱纵向框架梁自重　　　　　　　　　$0.25\times0.5\times4.5\times25=14.06\text{kN}$

粉刷　　　　　　$[(0.50-0.12)+(0.50-0.10)]\times0.02\times4.5\times17=1.19\text{kN}$

纵向框架梁传来屋面自重　　　　　　　$1/2\times4.5\times1/2\times4.5\times4.87=24.65\text{kN}$

　　　　　　　　　　　　　$0.5\times(4.5+4.5-2.4)\times2.4/2\times4.37=17.31\text{kN}$

顶层中节点集中荷载　　　　　　　　　　　　　$G_{4B}=G_{4C}=57.21\text{kN}$

（2）活荷载

$$Q_{4A}=Q_{4D}=1/2\times4.5\times1/2\times4.5\times0.7=3.54\text{kN}$$
$$Q_{4B}=Q_{4C}=1/2\times4.5\times1/2\times4.5\times0.7+1/2\times(4.5+4.5-2.4)\times2.4/2\times0.7=6.32\text{kN}$$

4. 楼面框架节点集中荷载标准值（图 2-11）

（1）永久荷载

边柱纵向框架梁自重　　　　　　　　　　　　　　　　14.06kN

粉刷　　　　　　　　　　　　　　　　　　　　　　　1.16kN

钢窗自重　　　　　　　　　　　　　　　$3.3\times2.1\times0.4=2.77\text{kN}$

窗下墙体自重	$(4.5-0.4)\times(3.6-0.6-2.1)\times2.36=8.71\text{kN}$
粉刷	$2\times4.1\times0.9\times0.02\times17=2.51\text{kN}$
窗边墙体自重	$2.1\times(4.1-3.3)\times2.36=3.96\text{kN}$
粉刷	$2\times2.1\times0.8\times0.02\times17=1.14\text{kN}$
纵向框架梁传来楼面自重	$1/2\times4.5\times1/2\times4.5\times3.692=18.69\text{kN}$

53.0kN

中间层边节点集中荷载

柱传来集中荷载 $\qquad G_A=G_D=53.0\text{kN}$

框架柱自重 $\qquad G_A{}'=G_D{}'=0.4\times0.4\times3.6\times25=14.4\text{ kN}$

中柱纵向框架梁自重	14.06kN
粉刷	1.19kN
内墙自重（忽略门窗按墙重量计算）	$(4.5-0.4)\times(3.6-0.6)\times2.36=29.03\text{kN}$
粉刷	$2\times4.1\times3\times0.02\times17=8.36\text{kN}$
纵向框架梁传来楼面自重	$1/2\times4.5\times1/2\times4.5\times3.692=18.69\text{kN}$
	$1/2\times(4.5+4.5-2.4)\times24./2\times3.192=12.64\text{kN}$

83.97kN

中间层中节点集中荷载

柱传来集中荷载 $\qquad G_B=G_C=83.97\text{kN}$

框架柱自重 $\qquad G_B{}'=G_C{}'=14.4\text{kN}$

（2）活载 $\qquad Q_A=Q_D=1/2\times4.5\times1/2\times4.5\times2.5=12.66\text{kN}$

$Q_B=Q_C=1/2\times4.5\times1/2\times4.5\times2.5+1/2\times(4.5+4.5-2.4)\times2.4/2\times3.5=26.52\text{kN}$

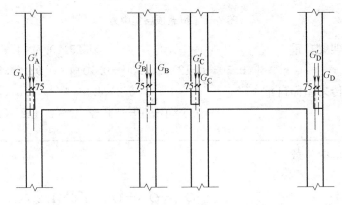

图 2-11 恒载中间层结点集中力

5. 风荷载

已知基本风压 $w_0=0.40\text{kN/m}^2$，本工程为市郊中学，地面粗糙度属 B 类，按荷载规范 $w_k=\beta_z\mu_s\mu_z w_0$。

风载体型系数 μ_s：迎风面为 0.8；背风面为 -0.5，因结构高度 $H=16.6\text{m}<30\text{m}$（从室外地面算起），取风振系数 $\beta_z=1.0$，计算过程见表 2-6，风荷载图如图 2-12 所示。

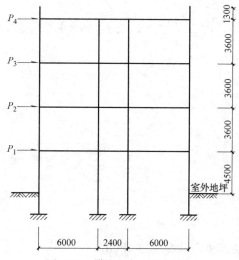

图 2-12 横向框架上的风荷载

风荷载计算   表 2-6

层次	β_z	μ_s	$Z(m)$	μ_z	$w_0(kN/m^2)$	$A(m^2)$	$P_i(kN)$
4	1.0	1.3	15.3	1.147	0.40	13.95	8.32
3	1.0	1.3	11.7	1.048	0.40	16.2	8.83
2	1.0	1.3	8.1	1.0	0.40	16.2	8.42
1	1.0	1.3	4.5	0.9	0.40	18.225	8.53

6. 地震作用

(1) 建筑物总重力荷载代表值 G_i 的计算

1) 集中于屋盖处的质点重力荷载代表值 G_4

50%雪载:　　　　　　　　　　　　 $0.5 \times 0.65 \times 15 \times 45 = 219.4kN$

板上荷载:

　　层面永久荷载　　　　　 $4.87 \times 45 \times 6 \times 2 + 4.37 \times 45 \times 2.4 = 3101.76kN$

梁自重:

　　横向梁　　　　　　　 $(4.08 \times 6 \times 2 + 2.69 \times 2.4) \times 11 = 609.58kN$

　　纵向梁　　 $(14.06 + 1.16) \times 10 \times 2 + (14.06 + 1.19) \times 10 \times 2 = 609.4kN$

柱自重:　　　　 $0.4 \times 0.5 \times 25 \times 1.8 \times 7 + 0.4 \times 0.4 \times 25 \times 1.8 \times 37 = 329.4kN$

隔墙自重:

　　横墙　　　 $2.36 \times [14 \times 6 \times 1.8 + (2.4 \times 1.8 - 1.5 \times 2.1/2) \times 2] = 369.73kN$

　　纵墙　 $(4.5 \times 1.8 - 3.3 \times 2.1/2) \times 2.36 \times 20 + 4.5 \times 1.8 \times 2.36 \times 18 = 562.86kN$

(忽略内纵墙的门窗按墙重量算)

　　钢窗　　　　　　　　　 $20 \times 3.3 \times 2.1 \times 1/2 \times 0.4 = 27.72kN$

女儿墙:　　　　　　　　　 $1.3 \times 2.36 \times (45 + 15) \times 2 = 368.16kN$

　　　　　　　　　　　　　　　　　　　　　　 $G_4 = 6198.0kN$

2) 集中于三、四层处的质点重力荷载代表值 $G_3 \sim G_2$

50%楼面活载

　　　　 $0.5 \times \{45 \times 2.4 \times 3.5 + 2 \times 4.5 \times 6 \times 3.5 + (45 + 36) \times 6 \times 2.5\} = 891kN$

板上荷载：

楼面永久荷载	$3.692×45×6×2+3.192×45×2.4=2338.4kN$

梁自重：

横梁	609.58kN
纵梁	609.4kN

柱自重： $329.4×2=658.8kN$

隔墙自重：

横墙	$369.73×2=739.46kN$
纵墙	$562.86×2=1125.72kN$
钢窗	$27.72×2=55.44kN$
	$G_3=G_2=7027.8kN$

3）集中于二层处的质点重力荷载标准值 G_1

50%楼面活载：	891kN

板上荷载：

楼面永久荷载	2338.4kN

梁自重：

横梁	609.58kN
纵梁	609.4kN

柱自重： $0.4×0.5×25×(2.6+1.8)×7+0.4×0.4×25×(2.6+1.8)×37=805.2kN$

隔墙自重：

横墙	$369.73+369.73×2.6/1.8=903.78kN$
纵墙	$562.86+562.86×2.6/1.8=1375.88kN$
钢窗	$27.72×2=55.44kN$
	$G_1=7588.7kN$

（2）地震作用计算

1）框架柱的抗侧移刚度

在计算梁、柱线刚度时，应考虑楼盖对框架梁的影响，在现浇楼盖中，中框架梁的抗弯惯性矩取 $I=2I_0$；边框架梁取 $I=1.5I_0$；在装配整体式楼盖中，中框架梁的抗弯惯性矩取 $I=1.5I_0$；边框架梁取 $I=1.2I_0$，I_0 为框架梁按矩形截面计算的截面惯性矩。横梁、柱线刚度见表 2-7，每层框架柱总的抗侧移刚度见表 2-8。

横梁、柱线刚度 表 2-7

杆件	截面尺寸		E_c (kN/mm²)	I_0 (mm⁴)	I (mm⁴)	L(mm)	$i=\dfrac{E_cI}{L}$ (kN·mm)	相对刚度
	b (mm)	h (mm)						
边框架梁	250	600	30.0	$4.5×10^9$	$6.75×10^9$	6000	$3.375×10^7$	1
边框架梁	250	400	30.0	$1.33×10^9$	$2.0×10^9$	2400	$2.5×10^7$	0.741
中框架梁	250	600	30.0	$4.5×10^9$	$9.0×10^9$	6000	$4.5×10^7$	1.333

杆件	截面尺寸		E_c (kN/mm^2)	$I_0(mm^4)$	$I(mm^4)$	$L(mm)$	$i=\dfrac{E_cI}{L}$ $(kN \cdot mm)$	相对刚度
	b (mm)	h (mm)						
中框架梁	250	400	30.0	1.33×10^9	2.66×10^9	2400	3.325×10^7	0.985
底层框架柱1	400	400	30.0	2.13×10^9	2.13×10^9	5200	1.229×10^7	0.364
中层框架柱1	400	400	30.0	2.13×10^9	2.13×10^9	3600	1.775×10^7	0.526
底层框架柱2	400	500	30.0	4.16×10^9	4.16×10^9	5200	2.4×10^7	0.711
中层框架柱2	400	500	30.0	4.16×10^9	4.16×10^9	3600	3.471×10^7	1.028

框架柱横向侧移刚度 D 值　　　　　　表 2-8

层	项目		$K=\dfrac{\sum i_c}{2i_z}$(一般层) $K=\dfrac{\sum i_c}{i_z}$(底层)	$\alpha_c=K/(2+K)$(一般层) $\alpha_c=(0.5+K)/(2+K)$(底层)	$D=\alpha_c \cdot i_z \cdot (12/h^2)$ (kN/mm)	根数
	柱类型及截面					
二至四层	边框架边柱(400×400)		1.90	0.49	6.81	4
	边框架中柱(400×400)		3.31	0.62	8.71	4
	中框架边柱(400×400)		2.53	0.56	7.80	11
	中框架边柱(400×500)		1.30	0.39	10.76	7
	中框架中柱(400×400)		4.41	0.69	9.61	18
底层	边框架边柱(400×400)		2.75	0.68	3.17	4
	边框架中柱(400×400)		4.78	0.78	3.61	4
	中框架边柱(400×400)		3.66	0.73	3.41	11
	中框架边柱(400×500)		1.87	0.61	5.54	7
	中框架中柱(400×400)		6.37	0.82	3.81	18

注：i_c 为梁的线刚度，i_z 为柱的线刚度。

底层　　　　$\sum D = 4 \times (3.17+3.61) + 11 \times 3.41 + 7 \times 5.54 + 18 \times 3.81 = 171.96 kN/mm$

二至四层　$\sum D = 4 \times (6.81+8.71) + 11 \times 7.80 + 7 \times 10.76 + 18 \times 9.61 = 396.26 kN/mm$

2）框架自振周期的计算

框架顶点假想水平位移 Δ 计算表　　　　　　表 2-9

层	$G_i(kN)$	$\sum G_i(kN)$	$\sum D(kN/mm)$	$\delta = \sum G_i / \sum D$ (层间相对位移)	总位移 $\Delta(mm)$
4	6198.0	6198.0	396.26	15.64	262.04
3	7027.8	13225.8	396.26	33.38	246.40
2	7027.8	20253.6	396.26	51.11	213.02
1	7588.7	27842.3	171.96	161.91	161.91

注：D 值计算方法详见 3.1.3。

则自振周期为：　$T_1 = 1.70 \alpha_0 \sqrt{\Delta} = 1.7 \times 0.6 \sqrt{0.262} = 0.522s$

其中：α_0 为考虑结构非承重砖墙影响的折减系数，对于框架取 0.6；Δ 为框架顶点假想水平位移，计算见表 2-9。

3）地震作用计算

根据本工程设防烈度 7、Ⅱ类场地土，设计地震分组为第一组，查《建筑抗震设计规范》GB 50011—2010 特征周期 $T_g=0.35s$，$\alpha_{max}=0.08$

$$\alpha_1=\left(\frac{T_g}{T_1}\right)^{0.9}\alpha_{max}=(0.35/0.522)^{0.9}\times0.08=0.056$$

结构等效总重力荷载：$G_{eq}=0.85G_L=0.85\times27842.3=23665.96kN$

$T_1>1.4T_g=1.4\times0.35=0.49s$，故需考虑框架顶部附加集中力作用。

$\delta_n=0.08T_1+0.07=0.08\times0.522+0.07=0.112$

框架横向水平地震作用标准值为：

结构底部：$F_{Ek}=\alpha_1G_{eq}=0.056\times23665.96=1325.29kN$

各楼层的地震作用和地震剪力标准值由表 2-10 计算列出。

各楼层地震作用和地震剪力标准值计算表 表 2-10

层	H_i(m)	G_i(kN)	G_iH_i	$F_i=F_n+\Delta F_n$（顶层） $F_i=\dfrac{G_iH_i}{\sum G_iH_i}F_{EK}(1-\delta_n)$（其他层）	楼层剪力 V_i(kN)
4	16.0	6198.0	99168.0	405.77+148.43	554.20
3	12.4	7027.8	87144.72	356.57	910.77
2	8.8	7027.8	61844.64	253.05	1163.82
1	5.2	7588.7	39461.24	161.47	1325.29

$$\sum G_iH_i=287618.6$$
$$\Delta F_n=\delta_n\cdot F_{Ek}=0.112\times1325.29=148.43kN$$

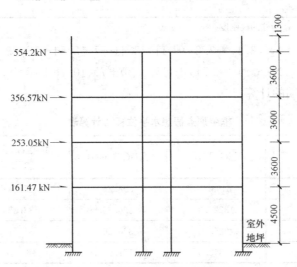

图 2-13 横向框架上的地震作用

本工程计算多遇地震作用下横向框架的层间弹性侧移，见表 2-11。对于钢筋混凝土

框架 $[\theta_e]$ 取 $1/550$。

层间弹性侧移验算 表 2-11

层次	h(m)	V_i (kN)	$\sum D_i$ (kN/mm)	$\Delta u_e = V_i / \sum D_i$ (mm)	$[\theta_e] h_i$ (mm)
4	3.6	554.20	396.26	1.40	6.55
3	3.6	910.77	396.26	2.30	6.55
2	3.6	1163.82	396.26	2.94	6.55
1	5.2	1325.29	171.96	7.71	9.45

通过以上计算结果看出，各层层间弹性侧移均满足规范要求，即 $\Delta u_e \leqslant [\theta_e] h$。

3 框架内力计算

3.1 计算方法

框架结构承担的荷载主要有恒载、使用活荷载、风荷载、地震作用，其中恒载、活荷载一般为竖向作用，风荷载、地震则为水平方向作用，手算多层多跨框架结构的内力（M、N、V）及侧移时，一般采用近似方法。如求竖向荷载作用下的内力时，有分层法、弯矩分配法、迭代法等；求水平荷载作用下的内力时，有反弯点法、改进反弯点法（D值法）、迭代法等。这些方法采用的假设不同，计算结果有所差异，但一般都能满足工程设计要求的精度。本章主要介绍竖向荷载作用下无侧移框架的弯矩分配法和水平荷载作用下 D 值法的计算过程。在计算各项荷载作用效应时，一般按标准值进行计算，以便于后面荷载效应的组合。

3.1.1 竖向荷载作用下框架内力计算

1. 弯矩分配法

在竖向荷载作用下较规则的框架产生的侧向位移很小，可忽略不计。框架的内力采用无侧移的弯矩分配法进行简化计算。具体方法是对整体框架按照结构力学的一般方法，计算出各节点的弯矩分配系数、各节点的不平衡弯矩，然用进行分配、传递，在工程设计中，每节点只分配两至三次即可满足精度要求。

相交于同一点的多个杆件中的某一杆件，其在该节点的弯矩分配系数的计算过程为：

（1）确定各杆件在该节点的转动刚度

杆件的转动刚度 S 与杆件远端的约束形式有关，如图 3-1 所示。

（2）计算弯矩分配系数 μ

$$\sum_A S = S_{AB} + S_{AC} + S_{AD} \tag{3-1}$$

$$\mu_{AB} = \frac{S_{AB}}{\sum\limits_A S}, \mu_{AC} = \frac{S_{AC}}{\sum\limits_A S}, \mu_{AD} = \frac{S_{AD}}{\sum\limits_A S}$$

$$\sum_A \mu = \mu_{AB} + \mu_{AC} + \mu_{AD} = 1 \tag{3-2}$$

（3）相交于一点杆件间的弯矩分配

弯矩分配之前，还需先求出节点的固端弯矩，这可查阅相关静力计算手册得到。表 3-1 为常见荷载作用下杆件的固端弯矩。在弯矩分配的过程中，一个循环可同时放松和固定多个节点（各个放松节点和固定节点间间隔布置，如图 3-2 所示），以加快收敛速度。计算杆件固端弯矩产生的节点不平衡弯矩时，不能丢掉由于纵向框架梁对柱偏心所产生的

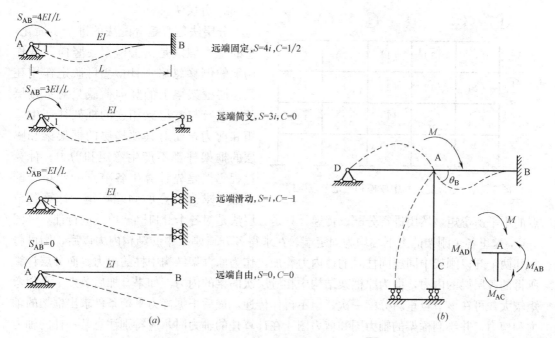

图 3-1 A 节点弯矩分配系数$\left(图中\ i=\dfrac{EI}{l}\right)$

（*a*）杆件在节点 A 处的转动刚度；（*b*）某节点各杆件弯矩分配系数

节点弯矩。具体计算可见例题。

常见荷载作用下杆件的固端弯矩　　　　　　　　　　表 3-1

荷载形式	图	公式
集中荷载		$\overline{M}_A=-\dfrac{F_p ab^2}{l^2},\ \overline{M}_B=\dfrac{F_p a^2 b}{l^2}$ $R_A=\dfrac{F_p b^2}{l^2}\left(1+\dfrac{2a}{l}\right),\ R_B=\dfrac{F_p a^2}{l^2}\left(1+\dfrac{2b}{l}\right)$
均布荷载		$\overline{M}_A=-\overline{M}_B=-\dfrac{1}{12}ql^2$ $R_A=R_B=ql/2$
梯形荷载		$\overline{M}_A=-\overline{M}_B=-\dfrac{1}{12}ql^2(1-2a^2/l^2+a^3/l^3)$ $\overline{M}_中=-1/24ql^2(1-2\times(a/l)^3)$ $R_A=R_B=(l-a)\times q/2$
三角形荷载		$\overline{M}_C=-\overline{M}_D=-5/96ql^2$ $\overline{M}_中=-1/32ql^2$ $R_C=R_D=1/4ql$

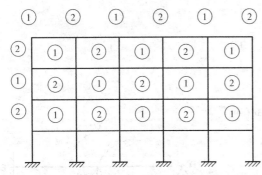

图 3-2 弯矩分配过程中放松和固定节点顺序

2. 分层法

分层法是弯矩分配法的进一步简化，它的基本假定是：①框架在竖向荷载作用下的侧移忽略不计；②可假定作用在某一层框架梁上的竖向荷载只对本楼层的梁以及与本层梁相连的框架柱产生弯矩和剪力，而对其他楼层的框架梁和隔层的框架柱都不产生弯矩和剪力。计算过程仍然是先计算出各节点的弯矩分配系数、求出节点的固端弯矩，计算各节点的不平衡弯矩，然用进行分配、传递，只是分层法是对各个开口刚架单元进行计算（图3-3），这里各个刚架的上下端均为固定端。在求得各开口刚架中的结构内力以后，则可将相邻两个开口刚架中同层同柱号的柱内力叠加，作为原框架结构中柱的内力。而分层计算所得的各层梁的内力，即为原框架结构中相应层次的梁的内力。如果叠加后节点不平衡弯矩较大，可在该节点重新分配一次，但不再作传递，最后根据静力平衡条件求出框架的轴力和剪力，并绘制框架的轴力图和剪力图。在计算柱的轴力时，应特别注意某一柱的轴力除与相连的梁剪力有关外，不要忘记节点的集中荷载对柱轴力的贡献。为了改善误差，计算开口刚架内力时，应做以下修正：①除底层以外其他各层柱的线刚度均乘0.9的折减系数；②除底层以外其他各层柱的弯矩传递系数取为1/3。

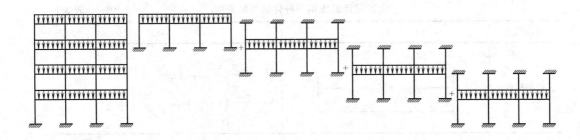

图 3-3 分层法的计算单元划分

3.1.2 框架活荷载不利布置

活荷载为可变荷载，应按其最不利位置确定框架梁、柱计算截面的最不利内力。竖向活荷载最不利布置原则：

(1) 求某跨跨中最大正弯矩——本层同连续梁（本跨布置，其他隔跨布置），其他按同跨隔层布置（图3-4a）；

(2) 求某跨梁端最大负弯矩——本层同连续梁（本跨及相邻跨布置，其他隔跨布置），相邻层与横梁同跨的及远的邻跨布置活荷载，其他按同跨隔层布置（图3-4b）；

(3) 求某柱柱顶左侧及柱底右侧受拉最大弯矩——该柱右侧跨的上、下邻层横梁布置活荷载，然后隔跨布置，其他层按同跨隔层布置（图3-4c）；

当活荷载作用相对较小时，常先按满布活荷载计算内力，然后按近似简化法对计算内力进行调整，调整系数：跨中弯矩 1.1～1.2，支座弯矩 1.0。

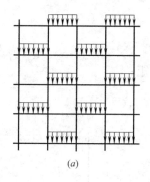 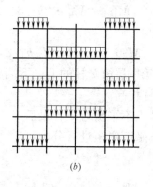 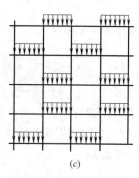

(a) (b) (c)

图 3-4 竖向活荷载最不利布置

3.1.3 水平荷载作用下框架内力计算

1. 反弯点法

在图 3-5 中，如能确定各柱内的剪力及反弯点的位置，便可求得各柱的柱端弯矩，并进而由节点平衡条件求得梁端弯矩及整个框架结构的其他内力。为此反弯点法中假定：

（1）求各个柱的剪力时，假定各柱上下端都不发生角位移，即认为梁的线刚度与柱的线刚度之比为无限大。

（2）在确定柱的反弯点位置时，假定除底层以外，各个柱的上、下端节点转角均相同，即除底层外，各层框架柱的反弯点位于层高的中点；对于底层柱，则假定其反弯点位于距支座 2/3 层高处。

（3）梁端弯矩可由节点平衡条件求出，并按节点左右梁的线刚度进行分配。

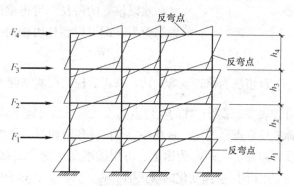

图 3-5 框架在水平力作用下的弯矩图

当梁的线刚度与柱的线刚度之比超过 3 时，由上述假定所引起的误差能够满足工程设计的精度要求，可采用反弯点法。

反弯点法具体计算方法是将每层的层间总剪力按柱的抗侧刚度直接分配到每根柱上，求出每根柱的剪力，然后根据反弯点位置，即能求出柱端弯矩，计算公式为：

$$V_{jk} = \frac{i_{jk}}{\sum\limits_{k=1}^{m} i_{jk}} V_j \tag{3-3}$$

式中　V_{jk}——第 j 层第 k 柱所分配到的剪力；

$\quad\quad i_{jk}$——第 j 层第 k 柱的线刚度；

$\quad\quad m$——j 层框架柱数；

$\quad\quad V_j$——第 j 层层间剪力。

根据柱剪力和反弯点位置，可计算柱上、下端弯矩，对于底层柱，柱端弯矩为：

$$M_{1k\pm}=V_{1k}h_1/3$$
$$M_{1k\mp}=V_{1k}\cdot 2h_1/3$$

对于上部各层，柱端弯矩为：

$$M_{jk\pm}=M_{jk\mp}=V_{jk}h_j/2 \tag{3-4}$$

式中 $M_{jk\pm}$、$M_{jk\mp}$——分别为第 j 层第 k 柱的上、下端部弯矩；

h_j——第 j 层柱柱高。

求出柱端弯矩后，再求出节点不平衡弯矩，最后按节点左右梁的线刚度对节点不平衡弯矩进行分配可求出梁端弯矩。

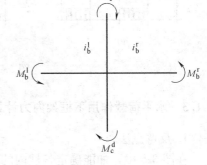

$$M_b^l=\frac{i_b^l}{i_b^l+i_b^r}(M_c^u+M_c^d) \tag{3-5}$$

$$M_b^r=\frac{i_b^r}{i_b^l+i_b^r}(M_c^u+M_c^d) \tag{3-6}$$

式中 M_b^l、M_b^r——节点处左、右梁端弯矩；

M_c^u、M_c^d——节点处柱上、下端弯矩；

i_b^l、i_b^r——节点处左、右梁的线刚度。最后以各梁为隔离体，将梁的左右端弯矩之和除以该梁的跨长，可得梁内剪力，自上而下逐层叠加节点左右的梁端剪力，即可得到柱内轴向力。

2. D 值法

D 值法为修正反弯点法，修正后柱的抗侧刚度为 $D=\alpha\dfrac{12i_z}{h^2}$，式中 α 为柱刚度修正系数，可按表 3-2 采用；柱的反弯点高度比修正后可按下式计算：$y=y_0+y_1+y_2+y_3$。式中 y_0 为标准反弯点高度比，是在各层等高、各跨相等、各层梁和柱线刚度都不改变的情况下求得的反弯点高度比；y_1 为因上、下层梁刚度比变化的修正值；y_2 为因上层层高变化的修正值；y_3 为因下层层高变化的修正值。y_0、y_1、y_2、y_3 的取值见附表 1-1～附表 1-4。风荷载作用下的反弯点高度按均布水平力考虑，地震作用下按倒三角分布水平力考虑。

D 值法具体计算步骤为：先计算各层柱修正后的抗侧刚度 D 及柱的反弯点高度，将该层层间剪力分配到每个柱，柱剪力分配式为：

$$V_{jk}=\frac{D_{jk}}{\sum\limits_{k=1}^{m}D_{jk}}V_j \tag{3-7}$$

根据柱剪力和反弯点位置，可计算柱上、下端弯矩为：

$$M_{jk\pm}=V_{jk}(1-y_{kj})h \tag{3-8}$$

$$M_{jk\mp}=V_{jk}y_{jk}h \tag{3-9}$$

式中 V_{jk}——第 j 层第 k 柱所分配到的剪力；

D_{jk}——第 j 层第 k 柱的侧向刚度 D 值；

m——j 层框架柱数；

V_j——第 j 层层间剪力；

M_{jk}——第 j 层第 k 柱的弯矩；

y_{jk}——第 j 层第 k 柱的反弯点高度比 $y_{jk}=y_0+y_1+y_2+y_3$；

h——柱高。

梁端弯矩的计算与反弯点法相同。

柱刚度修正系数　　　　　　　　　　　表 3-2

楼层	简图	K	α
一般层	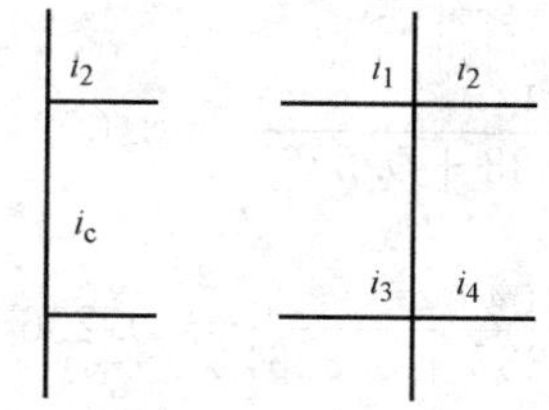	$K=\dfrac{i_1+i_2+i_3+i_4}{2i_c}$	$\alpha=\dfrac{K}{2+K}$
底层	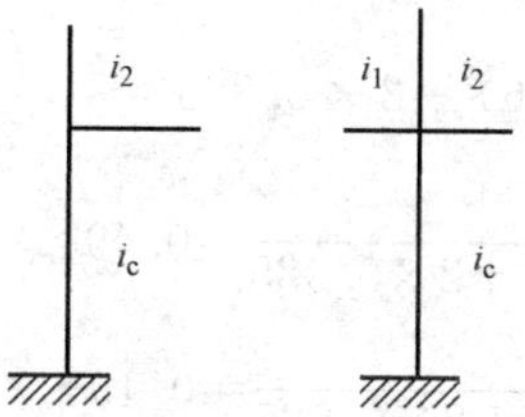	$K=\dfrac{i_1+i_2}{i_c}$	$\alpha=\dfrac{0.5+K}{2+K}$

注：边框情况下，式中 i_3、i_1 取 0 值。

水平荷载作用下侧移近似计算一般采用 D 值法，层间侧移及顶点总侧移计算公式为：

$$\Delta u_j = \frac{V_j}{\sum\limits_{k=1}^{m} D_{jk}} \tag{3-10}$$

$$u = \sum_{j=1}^{n} \Delta u_j \tag{3-11}$$

式中　V_j——第 j 层层间剪力；

D_{jk}——第 j 层第 k 柱的侧向刚度 D 值；

Δu_j——第 j 层由梁柱弯曲变形所产生的层间位移；

u——框架顶点总侧移；

n——框架结构总层数。

3.2 例题计算

3.2.1 恒载作用下的框架内力

1. 弯矩分配系数

根据上面的原则，可计算出本例横向框架各杆件的杆端弯矩分配系数，由于该框架为对称结构，取框架的一半进行简化计算，如图 3-6 所示。

节点 A1：$S_{A1A0}=4i_{A1A0}=4\times0.364=1.456$

$$S_{A1B1} = 4i_{A1B1} = 4 \times 1.333 = 5.332$$

$$S_{A1A2} = 4i_{A1A2} = 4 \times 0.526 = 2.104$$

（相对线刚度见表 2-8）

$$\sum_A S = 4(0.364 + 1.333 + 0.526)$$

$$\mu_{A1A0} = \frac{S_{A1A0}}{\sum\limits_A S} = \frac{1.456}{4(0.364 + 1.333 + 0.526)} = 0.164$$

$$\mu_{A1B1} = \frac{S_{A1B1}}{\sum\limits_A S} = \frac{5.332}{4(0.364 + 1.333 + 0.526)} = 0.600$$

$$\mu_{A1A2} = \frac{S_{A1A2}}{\sum\limits_A S} = \frac{2.104}{4(0.364 + 1.333 + 0.526)} = 0.236$$

节点 B1： $S_{B1D1} = i_{B1D1} = 2 \times 0.985 = 1.97$

$$\sum_A S = 4(0.364 + 1.333 + 0.526) + 2 \times 0.985$$

$$\mu_{B1A1} = \frac{1.333 \times 4}{4(0.364 + 1.333 + 0.526) + 2 \times 0.985} = 0.491$$

$$\mu_{B1B2} = \frac{0.526 \times 4}{4(0.364 + 1.333 + 0.526) + 2 \times 0.985} = 0.194$$

$$\mu_{B1D1} = \frac{0.985 \times 2}{4(0.364 + 1.333 + 0.526) + 2 \times 0.985} = 0.181$$

$$\mu_{B1B0} = \frac{0.364 \times 4}{4(0.364 + 1.333 + 0.526) + 2 \times 0.985} = 0.134$$

节点 A2： $\mu_{A2A1} = \mu_{A2A3} = \dfrac{0.526 \times 4}{(0.526 + 1.333 + 0.526) \times 4} = 0.221$

$$\mu_{A2B2} = \frac{1.333 \times 4}{(0.526 + 1.333 + 0.526) \times 4} = 0.558$$

节点 B2： $\mu_{B2A2} = \dfrac{1.333 \times 4}{(1.333 + 0.526 + 0.526) \times 4 + 0.985 \times 2} = 0.463$

$$\mu_{B2B1} = \mu_{B2B3} = \frac{0.526 \times 4}{(1.333 + 0.526 + 0.526) \times 4 + 0.985 \times 2} = 0.183$$

$$\mu_{B2D2} = \frac{0.985 \times 2}{(1.333 + 0.526 + 0.526) \times 4 + 0.985 \times 2} = 0.171$$

节点 A4： $\mu_{A4B4} = \dfrac{1.333 \times 4}{(1.333 + 0.526) \times 4} = 0.717$

$$\mu_{A4A3} = \frac{0.526 \times 4}{(1.333 + 0.526) \times 4} = 0.283$$

节点 B4： $\mu_{B4A4} = \dfrac{1.333 \times 4}{0.985 \times 2 + (0.526 + 1.333) \times 4} = 0.567$

$$\mu_{B4B3} = \frac{0.526 \times 4}{0.985 \times 2 + (0.526 + 1.333) \times 4} = 0.224$$

$$\mu_{B4D4} = \frac{0.985 \times 2}{0.985 \times 2 + (0.526 + 1.333) \times 4} = 0.209$$

A3、B3 与相应的 A2、B2 相同。

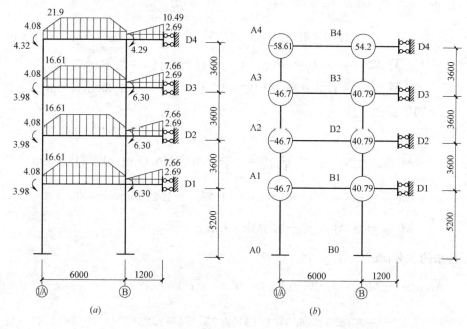

图 3-6　横向框架承担的永久荷载及节点不平衡弯矩

(a) 永久荷载；(b) 永久荷载产生的节点不平衡弯矩

2. 杆件固端弯矩

计算杆件固端弯矩时应带符号，杆端弯矩一律以顺时针方向为正，如图 3-7 所示。

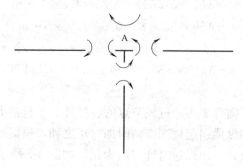

图 3-7　杆端及节点弯矩正方向

（1）横梁固端弯矩

1）顶层横梁

自重作用：

$$\overline{M}_{A4B4} = -\overline{M}_{B4A4} = -\frac{1}{12}ql^2 = -\frac{1}{12} \times 4.08 \times 6.0^2 = -12.24\text{kN} \cdot \text{m}$$

$$\overline{M}_{B4D4} = -\frac{1}{3}ql^2 = -\frac{1}{3} \times 2.69 \times 1.2^2 = -1.29\text{kN} \cdot \text{m}$$

$$\overline{M}_{D4B4} = 1/2\overline{M}_{B4D4} = -0.646\text{kN} \cdot \text{m}$$

板传来的永久荷载作用：

$$\overline{M}_{A4B4} = -\overline{M}_{B4A4} = -\frac{1}{12}ql^2(1-2a^2/l^2+a^3/l^3)$$

$$= -\frac{1}{12}\times 21.9\times 6.0^2(1-2\times 2.25^2/6^2+2.25^3/6^3) = -50.69\text{kN}\cdot\text{m}$$

$$\overline{M}_{B4D4} = -5/96ql^2 = -5/96\times 10.49\times 2.4^2 = -3.15\text{kN}\cdot\text{m}$$

$$\overline{M}_{D4B4} = -1/32ql^2 = -1/32\times 10.49\times 2.4^2 = -1.889\text{KN}\cdot\text{m}$$

2）二至四层横梁

自重作用：

$$\overline{M}_{A1B1} = -\overline{M}_{B1A1} = -\frac{1}{12}ql^2 = -\frac{1}{12}\times 4.08\times 6.0^2 = -12.24\text{kN}\cdot\text{m}$$

$$\overline{M}_{B1D1} = -\frac{1}{3}ql^2 = -\frac{1}{3}\times 2.69\times 1.2^2 = -1.29\text{kN}\cdot\text{m}$$

$$\overline{M}_{D1B1} = 1/2\overline{M}_{B1D1} = -0.646\text{kN}\cdot\text{m}$$

板传来的永久荷载作用：

$$\overline{M}_{A1B1} = -\overline{M}_{BA1} = -\frac{1}{2}ql^2(1-2a^2/l^2)+a^3l^3)$$

$$= -\frac{1}{12}\times 16.61\times 6.0^2(1-2\times 2.25^2/6^2+2.25^3/6^3) = -38.44\text{kN}\cdot\text{m}$$

$$\overline{M}_{B1D1} = -5/96ql^2 = -5/96\times 7.66\times 2.4^2 = -2.30\text{kN}\cdot\text{m}$$

$$\overline{M}_{D1B1} = -1/32ql^2 = -1/32\times 7.66\times 2.4^2 = -1.38\text{kN}\cdot\text{m}$$

（2）纵梁引起柱端附加弯矩（本例中边框架纵梁偏向外侧，中框架纵梁偏向内侧）

顶层外纵梁　　　$M_{A4} = -M_{D4} = 57.66\times 0.075 = 4.32\text{kN}\cdot\text{m}$　　　（逆时针为正）

楼层外纵梁　　　$M_{A1} = -M_{D1} = 53.0\times 0.075 = 3.98\text{kN}\cdot\text{m}$

顶层中纵梁　　　$M_{B4} = -M_{C4} = -57.21\times 0.075 = -4.29\text{kN}\cdot\text{m}$

楼层中纵梁　　　$M_{B1} = -M_{C1} = -83.97\times 0.075 = -6.30\text{kN}\cdot\text{m}$

3. 节点不平衡弯矩

横向框架的节点不平衡弯矩为通过该节点的各杆件（不包括纵向框架梁）在节点处的固端弯矩与通过该节点的纵梁引起柱端横向附加弯矩之和，根据平衡原则，节点弯矩的正方向与杆端弯矩方向相反，一律以逆时针方向为正，如图 3-7 所示。

节点 A_4 的不平衡弯矩：

$$M_{A4B4}+M_{A4纵梁} = -12.24-50.69+4.32 = -58.61\text{kN}\cdot\text{m}$$

本例计算的横向框架的节点不平衡弯矩如图 3-6 所示。

4. 内力计算

根据对称原则，只计算 AB、BC 跨。在进行弯矩分配时，应将节点不平衡弯矩反号后再进行杆件弯矩分配。

节点弯矩使相交于该节点杆件的近端产生弯矩，同时也使各杆件的远端产生弯矩，近端产生的弯矩通过节点弯矩分配确定，远端产生的弯矩由传递系数 C（近端弯矩与远端弯矩的比值）确定。传递系数与杆件远端的约束形式有关，见图 3-1。

恒载弯矩分配过程见图 3-8，恒载作用下弯矩见图 3-9，梁剪力、柱轴力见图 3-10。

根据所求出的梁端弯矩，再通过平衡条件，即可求出恒载作用下梁剪力、柱轴力，结果见表3-3～表3-6。

AB跨梁端剪力（kN）　　　　　　　　　　表3-3

层	$q(kN/m)$（板传来作用）	$g(kN/m)$（自重作用）	a (m)	l (m)	$gl/2$	$u=(l-a)$ $\times q/2$	M_{AB} $(kN \cdot m)$	M_{BA} $(kN \cdot m)$	$\sum M_{ik}/l$	$V_{1/A}=gl/2+$ $u-\sum M_{ik}/l$	$V_B=-(gl/2+$ $u+$ $\sum M_{ik}/l)$
4	21.9	4.08	2.25	6	12.24	41.06	-30.03	45.8	2.63	50.67	-55.93
3	16.61	4.08	2.25	6	12.24	31.14	-37.49	43.58	1.02	42.37	-44.40
2	16.61	4.08	2.25	6	12.24	31.14	-37.57	42.83	0.88	42.50	-44.26
1	16.61	4.08	2.25	6	12.24	31.14	-30.86	40.6	1.62	41.76	-45.00

注：1. a见表3-1图中梯形荷载；
　　2. u的物理意义：

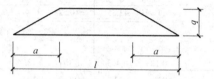

如上图所示，梁承担梯形分布荷载，则梯形荷载在梁端产生的剪力u为：

$$u=\frac{1}{2}\times\left[\frac{(l-2a)+l}{2}\times q\right]=\frac{1}{2}(1-a)q$$

BC跨梁端剪力（kN）　　　　　　　　　　表3-4

层	$q(kN/m)$（板传来荷载作用）	$g(kN/m)$（自重作用）	l (m)	$gl/2$	$l\times q/4$	$V_B=gl/2+l\times q/4$	$V_C=-(gl/2+l\times q/4)$
4	10.49	2.69	2.4	3.23	6.29	9.52	-9.52
3	7.66	2.69	2.4	3.23	4.60	7.82	-7.82
2	7.66	2.69	2.4	3.23	4.60	7.82	-7.82
1	7.66	2.69	2.4	3.23	4.60	7.82	-7.82

AB跨跨中弯矩（kN·m）　　　　　　　　　　表3-5

层	$q(kN/m)$（板传来作用）	$g(kN/m)$（自重作用）	a(m)	l(m)	$gl/2$	$u=(l-a)$ $\times q/2$	M_{AB}	$\sum M_{ik}/l$ (kN)	$V_{1/A}=gl/2$ $+u-$ $\sum M_{ik}/l$ (kN)	$M_{注}=gl/2\times$ $l/4+u\times$ $1.05-M_{AB}-$ $V_{1/A}\times l/2$
4	21.9	4.08	2.25	6	12.24	41.06	-30.03	2.63	50.67	-60.51
3	16.61	4.08	2.25	6	12.24	31.14	-37.49	1.02	42.36	-38.53
2	16.61	4.08	2.25	6	12.24	31.14	-37.57	0.88	42.5	-38.87
1	16.61	4.08	2.25	6	12.24	31.14	-30.86	1.62	41.76	-43.36

注：梁的跨中弯矩M的计算：将梁作为隔离体，以跨中截面为矩心，考虑梁上的全部荷载建立弯矩平衡方程，即可得到上表计算公式。其中，1.05为梯形分布荷载1/2跨的合力（与u数值相同）距梁跨中的距离，具体计算为：

$$q\times\frac{2.25}{2}\times\left(\frac{2.25}{3}+0.75\right)+q+0.75\times\frac{0.75}{2}=u\cdot x$$

则　　　　　　　　　　　　　　　　$x=1.05m$

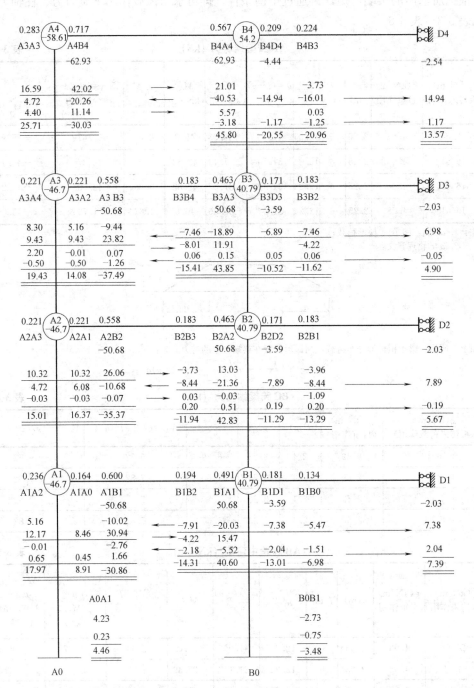

节点分配顺序:(A4、B3、A2、B1);(B4、A3、B2、A1)

图 3-8 恒载弯矩分配过程

45.8
45.8
30.03
20.55
20.55
30.03
13.57
25.71
20.96
25.71
60.51
20.96
60.51
37.49
43.58
43.58
37.49
10.52
10.52
19.43
19.43
14.08
4.90
14.08
15.41
11.62
11.62
15.41
38.53
38.53
42.83
42.83
11.29
11.29
35.37
35.37
15.01
15.01
16.37
5.67
16.37
11.94
13.29
13.29
11.94
38.87
38.87
40.6
40.6
13.01
13.01
30.86
30.86
17.97
17.97
7.39
8.91
8.91
14.31
6.98
6.98
14.31
43.36
43.36
4.46
3.48
3.48
4.46

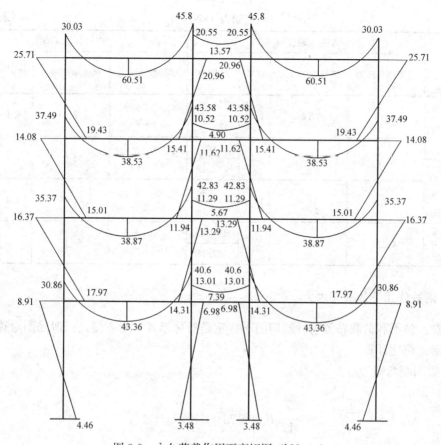

图 3-9　永久荷载作用下弯矩图（kN·m）

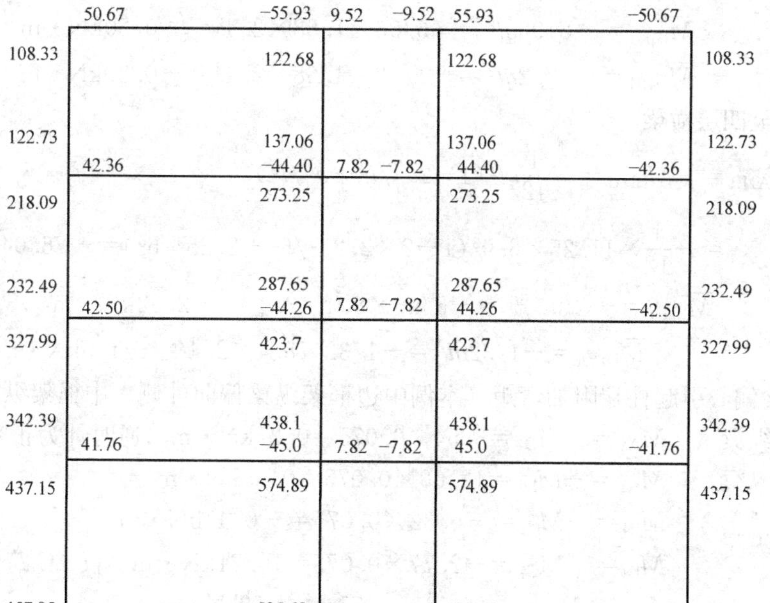

50.67
−55.93
9.52
−9.52
55.93
−50.67
108.33
122.68
122.68
108.33
122.73
137.06
137.06
122.73
42.36
−44.40
7.82
−7.82
44.40
−42.36
218.09
273.25
273.25
218.09
232.49
287.65
287.65
232.49
42.50
−44.26
7.82
−7.82
44.26
−42.50
327.99
423.7
423.7
327.99
342.39
438.1
438.1
342.39
41.76
−45.0
7.82
−7.82
45.0
−41.76
437.15
574.89
574.89
437.15
457.95
595.69
595.69
457.95

图 3-10　永久荷载作用下梁剪力、柱轴力（kN）

层		边柱 A 轴、D 轴				中柱 B 轴、C 轴			
		横梁端部压力	纵梁端部压力	柱重	柱轴力	横梁端部压力	纵梁端部压力	柱重	柱轴力
4	柱顶	50.67	57.66	14.4	108.33	55.93+9.52 =65.45	57.21	14.4	122.66
	柱底				122.73				137.06
3	柱顶	42.36	53.0	14.4	218.09	44.40+7.82 =52.22	83.97	14.4	273.25
	柱底				232.49				287.65
2	柱顶	42.20	53.0	14.4	327.99	44.26+7.82 =52.08	83.97	14.4	423.7
	柱底				342.39				438.1
1	柱顶	41.76	53.0	20.8	437.15	45.00+7.82 =52.82	83.97	20.8	574.89
	柱底				457.95				595.69

3.2.2 活载作用下的框架内力

注意：各不利荷载布置时计算简图不一定是对称形式，为方便，近似采用对称结构对称荷载形式简化计算。

1. 梁固端弯矩

（1）顶层

$$\overline{M}_{B4A4}=-\overline{M}_{B4A4}=-\frac{1}{12}ql^2(1-2a^2/l^2+a^3/l^3)$$

$$=-\frac{1}{12}\times3.15\times6.0^2(1-2\times2.25^2/6^2+2.25^3/6^3)=-7.30\text{kN}\cdot\text{m}$$

$$\overline{M}_{B4D4}=-5/96ql^2=-5/96\times1.68\times2.4^2=-0.50\text{kN}\cdot\text{m}$$

$$\overline{M}_{D4B4}=-1/32ql^2=-1/32\times1.68\times2.4^2=-0.30\text{kN}\cdot\text{m}$$

（2）二至四层横梁

$$\overline{M}_{A1B1}=-\overline{M}_{B1A1}=-\frac{1}{12}ql^2(1-2a^2/l^2+a^3/l^3)$$

$$=-\frac{1}{12}\times11.25\times6.0^2(1-2\times2.25^2/6^2+2.25^3/6^3)=-26.04\text{kN}\cdot\text{m}$$

$$\overline{M}_{B1D1}=-5/96ql^2=-5/96\times8.4\times2.4^2=-2.52\text{kN}\cdot\text{m}$$

$$\overline{M}_{D1B1}=-1/32ql^2=-1/32\times8.4\times2.4^2=-1.5\text{kN}\cdot\text{m}$$

2. 纵梁偏心引起柱端附加弯矩（本例中边框架纵梁偏向外侧，中框架纵梁偏向内侧）

顶层外纵梁　　$M_{A4}=-M_{D4}=3.54\times0.075=0.27\text{kN}\cdot\text{m}$（逆时针为正）

楼层外纵梁　　$M_{A1}=-M_{D1}=12.66\times0.075=0.95\text{kN}\cdot\text{m}$

顶层中纵梁　　$M_{B4}=-M_{C4}=-6.32\times0.075=-0.47\text{kN}\cdot\text{m}$

　　　　　　　$M_{B4}=-M_{C4}=-2.77\times0.075=10.21\text{kN}\cdot\text{m}$（仅 BC 跨作用活载时）

楼层中纵梁　　$M_{B1}=-M_{C1}=-26.52\times0.075=-1.99\text{kN}\cdot\text{m}$

　　　　　　　$M_{B1}=-M_{C1}=-13.86\times0.075=-1.04\text{kN}\cdot\text{m}$（仅 BC 跨作用活载时）

3. 最不利组合

本工程考虑如下四种最不利组合：

（1）顶层边跨梁跨中弯矩最大，见图3-11；

（2）顶层边柱柱顶左侧及柱底右侧受拉最大弯矩，见图3-12；

（3）顶层边跨梁梁端最大负弯矩，见图3-13；

（4）活载满跨布置，见图3-14。

4. 各节点不平衡弯矩

注意：若计算某跨梁端的最大负弯矩，不可代入此方法。

当AB跨布置活载时：

$$M_{A4} = \overline{M}_{A4B4} + \overline{M}_{A4} = -7.30 + 0.27 = -7.0 \text{kN} \cdot \text{m}$$

$$M_{A1} = M_{A2} = M_{A3} = \overline{M}_{A1B1} + \overline{M}_{A1} = -26.04 + 0.95 = -25.09 \text{kN} \cdot \text{m}$$

$$M_{B4} = \overline{M}_{B4A4} + \overline{M}_{B4} = 7.30 - 0.27 = 7.03 \text{kN} \cdot \text{m}$$

$$M_{B1} = M_{B2} = M_{B3} = \overline{M}_{B1A1} + \overline{M}_{B1} = 26.04 - 0.95 = 25.09 \text{kN} \cdot \text{m}$$

当BC跨布置活载时：

$$M_{B4} = \overline{M}_{B4D4} + \overline{M}_{B4} = -0.5 - 0.21 = -0.71 \text{kN} \cdot \text{m}$$

$$M_{B1} = M_{B2} = M_{B3} = \overline{M}_{B1D1} + \overline{M}_{B1} = -2.52 - 1.04 = -3.56 \text{kN} \cdot \text{m}$$

当AB跨和BC跨均布置活载时：

$$M_{A4} = \overline{M}_{A4B4} + \overline{M}_{A4} = -7.30 + 0.27 = -7.03 \text{KN} \cdot \text{m}$$

$$M_{A1} = M_{A2} = M_{A3} = \overline{M}_{A1B1} + M_{A1} = -26.04 + 0.95 = -25.09 \text{kN} \cdot \text{m}$$

$$M_{B4} = \overline{M}_{B4A4} + \overline{M}_{B4} + \overline{M}_{B4DK} = 7.30 - 0.47 - 0.5 = 6.33 \text{kN} \cdot \text{m}$$

$$M_{B1} = M_{B2} = M_{B3} = \overline{M}_{B1A1} + \overline{M}_{B1} + \overline{M}_{B1D1} = 26.04 - 1.99 - 2.52 = 21.53 \text{kN} \cdot \text{m}$$

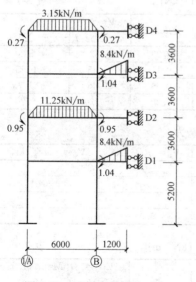

图3-11 活载不利布置（1）

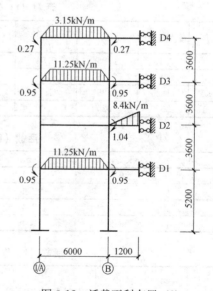

图3-12 活载不利布置（2）

5. 内力计算：

采用"迭代法"计算，迭代计算次序同恒载，见图3-15、图3-18、图3-21、图3-24。

活载（1）作用下梁弯矩、剪力、轴力见图3-16、图3-17。

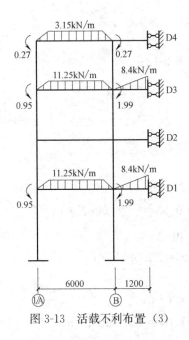

图 3-13 活载不利布置（3）

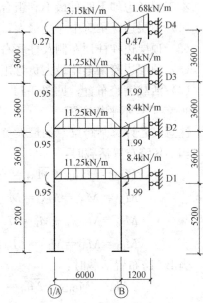

图 3-14 活载不利布置（4）

活载（2）作用下梁弯矩、剪力、轴力见图 3-19、图 3-20。

活载（3）作用下梁弯矩、剪力、轴力见图 3-22、图 3-23。

活载（4）作用下梁弯矩、剪力、轴力见图 3-25、图 3-26。

根据所求出的梁端弯矩，再通过平衡条件，即可求出的活载作用下梁剪力、柱轴力，结果见表 3-7～表 3-22。

活载（1）作用下 AB 跨梁端剪力（kN）　　　　表 3-7

层	q(kN/m)	a(m)	$u=(6-a)\times q/2$	M_{AB} (kN·m)	M_{BA} (kN·m)	$\sum M_{ik}/l$	$V_{1/A}=u-\sum M_{ik}/l$	$V_B=-(u+\sum M_{ik}/l)$
4	3.15	2.25	5.91	−2.69	4.45	0.29	5.62	−6.20
3	0	2.25	0.00	−1.97	2.87	0.15	−015	−0.15
2	11.25	2.25	21.09	−14.87	18.73	0.64	20.45	−21.73
1	0	2.25	0.00	−1.48	2.66	0.20	−0.20	−0.20

活载（1）作用下 BC 跨梁端剪力　　　　表 3-8

层	q(kN/m)	l(m)	$ql/4$(kN)	$V_B=ql/4$(kN)	$V_C=-ql/4$(kN)
4	0	2.4	0	0	0
3	8.4	2.4	5.04	5.04	−5.04
2	0	2.4	0	0	0
1	8.4	2.4	5.04	5.04	−5.04

活载（1）作用下 AB 跨跨中弯矩（kN·m）　　　　表 3-9

层	q(kN/m) （板传来荷载作用）	a(m)	l(m)	$u=(l-a)\times q/2$	M_{AB} (kN·m)	$\sum M_{ik}/l$	$V_{1/A}=u-\sum M_{ik}/l$ (kN)	$M=u\times1.05-M_{AB}-V_{1/A}\times l/2$
4	3.15	2.25	6	5.91	−2.69	0.29	5.62	−7.96
3	0	2.25	6	0.00	−1.97	0.15	−0.15	2.42
2	11.25	2.25	6	21.09	−14.87	0.64	20.45	−24.34
1	0	2.25	6	0.00	−1.48	0.20	−0.20	2.08

40

活载（1）作用下柱轴力（kN）

表 3-10

层	边柱（A 轴）			中柱（B 轴）		
	横梁	纵梁	柱轴力	横梁	纵梁	柱轴力
	端部剪力	端部剪力		端部剪力	端部剪力	
4	5.62	3.54	9.16	6.20	6.32	12.52
3	−0.15	12.66	21.67	5.19	26.52	44.23
2	20.45	12.66	54.78	21.73	26.52	92.48
1	−0.20	12.66	67.24	5.24	26.52	124.24

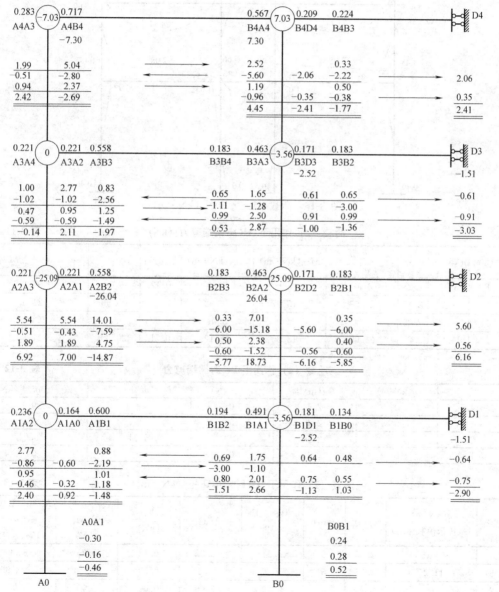

节点分配顺序: (A4、B3、A2、B1); (B4、A3、B2、A1)

图 3-15　活载（1）迭代过程

41

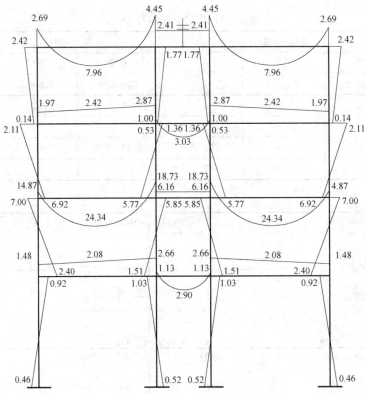

图 3-16 活载（1）弯矩图（kN·m）

活载（2）作用下 AB 跨梁端剪力（kN）　　　　　　　　表 3-11

层	q(kN/m)	a(m)	$u=(6-a)\times q/2$	M_{AB}(kN·m)	M_{BA}(kN·m)	$\sum M_{ik}/l$	$V_{1/A}=u-\sum M_{ik}/l$	$V_B=-(u+\sum M_{ik}/l)$
4	3.15	2.25	5.91	−5.22	5.95	0.12	5.79	−6.03
3	11.25	2.25	21.09	−15.37	18.92	0.59	20.50	−21.68
2	0	2.25	0.00	−3.06	3.04	0.00	0.00	0.00
1	11.25	2.25	21.09	−13.85	18.12	0.71	20.38	−21.80

活载（2）作用下 BC 跨梁端剪力　　　　　　　　表 3-12

层	q(kN/m)	l(m)	$ql/4$(kN)	$V_B=ql/4$ (kN)	$V_C=-ql/4$ (kN)
4	0	2.4	0	0	0
3	0	2.4	0	0	0
2	8.4	2.4	5.04	5.04	−5.04
1	0	2.4	0	0	0

活载（2）作用下 AB 跨跨中弯矩（kN·m）　　　　　　　　表 3-13

层	q(kN/m) （板传来荷载作用）	a(m)	l(m)	$u=(l-a)\times q/2$	M_{AB}	$\sum M_{ik}/l$ (kN)	$V_{1/A}=u-\sum M_{ik}/l$ (kN)	$M=u\times1.05-M_{AB}-V_{1/A}\times l/2$
4	3.15	2.25	6	5.91	−5.22	0.12	5.79	−5.94
3	11.25	2.25	6	21.09	−15.37	0.59	20.50	−23.99
2	0	2.25	6	0.00	−3.06	0.00	0.00	3.05
1	11.25	2.25	6	21.09	−13.85	0.71	20.38	−25.15

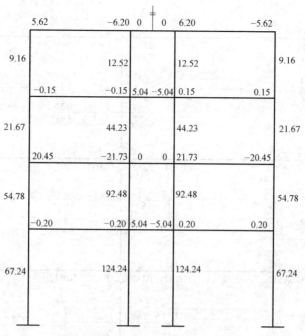

图 3-17 活载 (1) 剪力、轴力 (kN)

活载 (2) 作用下柱轴力计算 (kN) 表 3-14

层	边柱(A轴)			中柱(B轴)		
	横梁端部剪力	纵梁端部剪力	柱轴力	横梁端部剪力	纵梁端部剪力	柱轴力
4	5.79	3.54	9.33	6.03	6.32	12.35
3	20.50	12.66	42.49	21.68	26.52	60.55
2	0.00	12.66	55.15	5.04	26.52	92.11
1	20.38	12.66	88.19	21.80	26.52	140.43

活载 (3) 作用下 AB 跨梁端剪力 (kN) 表 3-15

层	q(kN/m)	a(m)	$u=(6-a)\times q/2$	M_{AB} (kN·m)	M_{BA} (kN·m)	$\sum M_{jk}/l$	$V_{1/A}=$ $u-\sum M_{jk}/l$	$V_B=-(u+\sum M_{jk}/l)$
4	3.15	2.25	5.91	−5.18	5.75	0.10	5.81	−6.01
3	11.25	2.25	21.09	−15.02	20.65	0.94	20.15	−22.03
2	0	2.25	0.00	−3.39	1.47	−0.32	0.32	0.32
1	11.25	2.25	21.09	−13.51	19.93	1.07	20.02	−22.16

活载 (3) 作用下 BC 跨梁端剪力 (kN) 表 3-16

层	q(kN/m)	l(m)	$ql/4$(kN)	$V_B=ql/4$(kN)	$V_C=-ql/4$(kN)
4	0	2.4	0.00	0.00	0.00
3	8.4	2.4	5.04	5.04	−5.04
2	0	2.4	0.00	0.00	0.00
1	8.4	2.4	5.04	5.04	−5.04

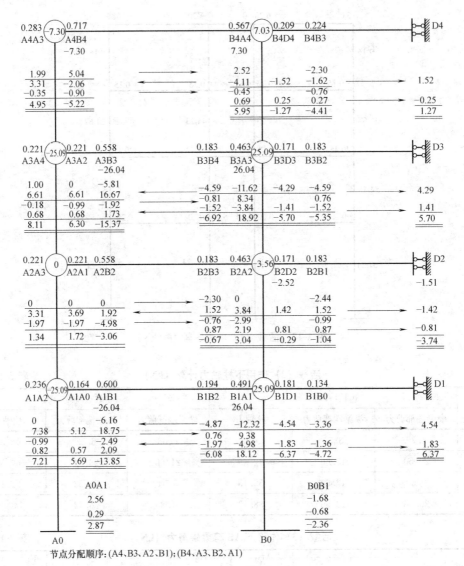

节点分配顺序:(A4、B3、A2、B1);(B4、A3、B2、A1)

图 3-18 活载（2）迭代过程

活载（3）作用下 AB 跨跨中弯矩（kN·m）   表 3-17

层	$q(kN/m)$ （板传来荷载作用）	$a(m)$	$l(m)$	$u=(l-a)\times$ $q/2$	M_{AB} $(kN·m)$	$\sum M_{ik}/l$ (kN)	$V_{1/A}=$ $u-\sum M_{ik}/l$ (kN)	$M=u\times1.05-$ $M_{AB}-$ $V_{1/A}\times l/2$
4	3.15	2.25	6	5.91	−5.18	0.10	5.81	−6.04
3	11.25	2.25	6	21.09	−15.02	0.94	20.15	−23.29
2	0	2.25	6	0.00	−3.39	−0.32	0.32	2.43
1	11.25	2.25	6	21.09	−13.51	1.07	20.02	−24.41

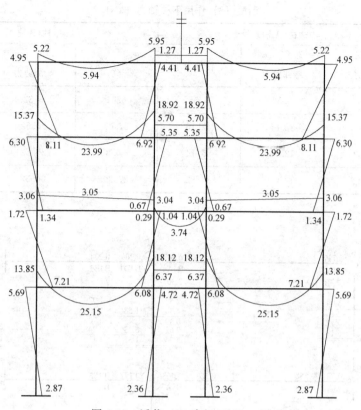

图 3-19 活载（2）弯矩（kN·m）

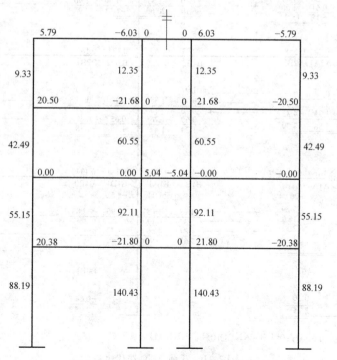

图 3-20 活载（3）剪力、轴力（kN）

活载（3）作用下柱轴力（kN） 表 3-18

层	边柱（A轴）			中柱（B轴）		
	横梁端部剪力	纵梁端部剪力	柱轴力	横梁端部剪力	纵梁端部剪力	柱轴力
4	5.81	3.54	9.35	6.01	6.32	12.33
3	20.15	12.66	42.16	27.07	26.52	65.92
2	0.32	12.66	55.14	−0.32	26.52	92.12
1	20.02	12.66	87.82	27.20	26.52	145.84

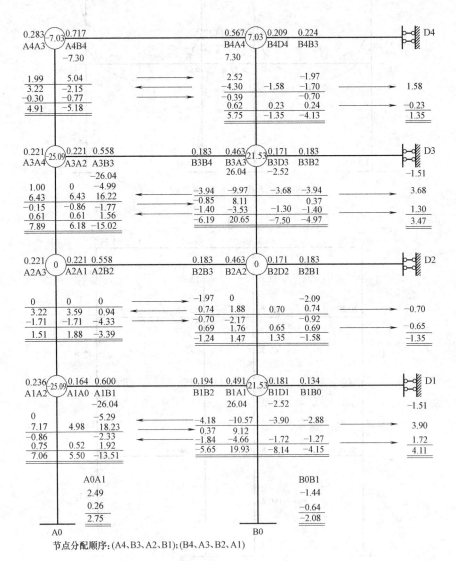

图 3-21 活载（3）迭代过程

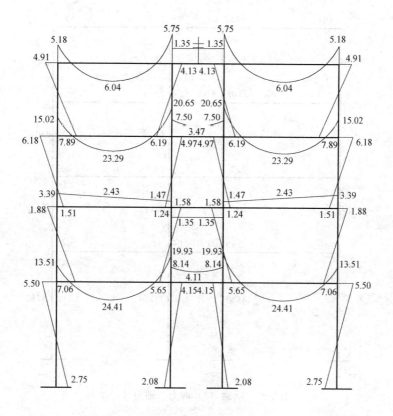

图 3-22　活载（3）弯矩（kN·m）

满跨活载作用下梁剪力 AB 跨梁端剪力（kN）　　表 3-19

层	q(kN/m)	a(m)	$u=(6-a)\times q/2$	M_{AB} (kN·m)	M_{BA} (kN·m)	$\sum M_{ik}/l$	$V_{1/A}=$ $u-\sum M_{ik}/l$	$V_B=-(u+\sum M_{ik}/l)$
4	3.15	2.25	5.91	−4.90	5.99	0.18	5.73	−6.09
3	11.25	2.25	21.09	−16.68	21.41	0.79	20.30	−21.88
2	11.25	2.25	21.09	−17.98	22.10	0.69	20.40	−21.78
1	11.25	2.25	21.09	−15.33	20.78	0.91	20.18	−22.00

满跨活载作用下 BC 跨梁端剪力　　表 3-20

层	q(kN/m)	l(m)	$ql/4$(kN)	$V_B=ql/4$(kN)	$V_C=-ql/4$(kN)
4	1.68	2.4	1.01	1.01	−1.01
3	8.4	2.4	5.04	5.04	−5.04
2	8.4	2.4	5.04	5.04	−5.04
1	8.4	2.4	5.04	5.04	−5.04

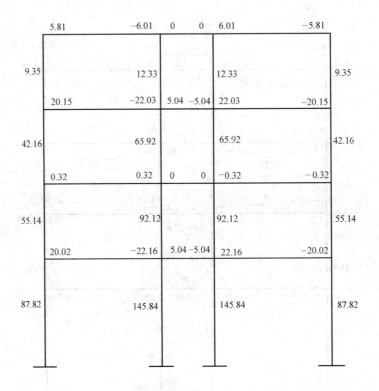

图 3-23 活载（3）剪力、轴力（kN）

满跨活载作用下 AB 跨跨中弯矩（kN·m）　　　　　　表 3-21

层	$q(kN/m)$ （板传来荷载作用）	$a(m)$	$l(m)$	$u=(l-a)\times q/2$	M_{AB} （kN·m）	$\sum M_{梁}/l$ （kN）	$V_{1/A}=$ $u-\sum M_{梁}/l$ （kN）	$M=u\times 1.05-$ $M_{AB}-$ $V_{1/A}\times l/2$
4	3.15	2.25	6	5.91	−4.90	0.18	5.73	−6.08
3	11.25	2.25	6	21.09	−16.68	0.79	20.30	−22.08
2	11.25	2.25	6	21.09	−17.98	0.69	20.40	−21.08
1	11.25	2.25	6	21.09	−15.33	0.91	20.18	−23.07

满跨活载作用下柱轴力（kN）　　　　　　表 3-22

层	边柱（A 轴）			中柱（B 轴）		
	横梁 端部剪力	纵梁 端部剪力	柱轴力	横梁 端部剪力	纵梁 端部剪力	柱轴力
4	5.73	3.54	9.27	7.10	6.32	13.42
3	20.30	12.66	42.23	26.92	26.52	66.86
2	20.40	12.66	75.29	26.82	26.52	120.20
1	20.18	12.66	108.13	27.04	26.52	173.76

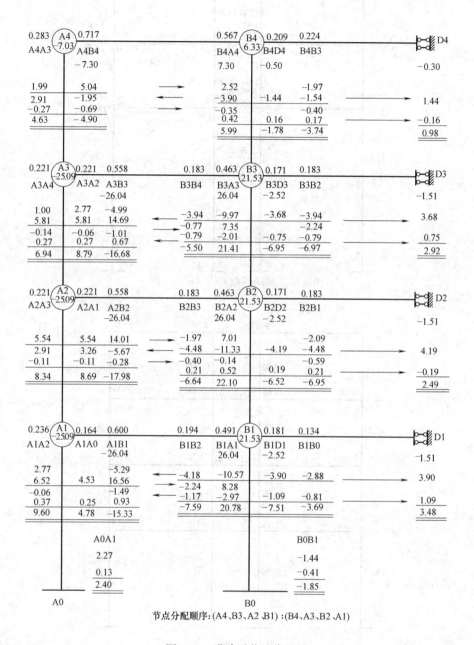

节点分配顺序:(A4、B3、A2、B1):(B4、A3、B2、A1)

图 3-24　满跨活载迭代过程

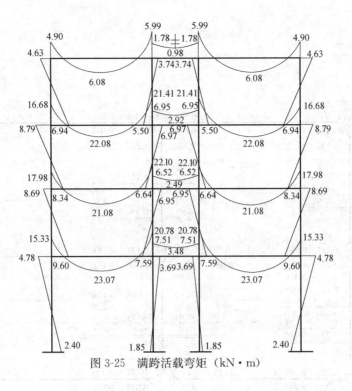

图 3-25　满跨活载弯矩（kN·m）

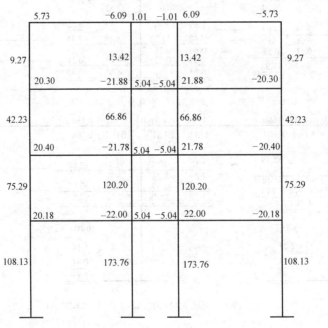

图 3-26　满跨活载剪力、轴力（kN）

3.2.3　风荷载作用下内力计算

水平风载作用下框架层间剪力

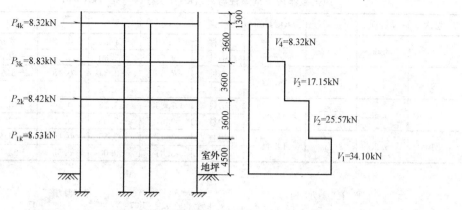

图 3-27 风载作用下层间剪力

各层柱反弯点位置

表 3-23

层次	柱别	K	α_2	y_2	α_3	y_3	y_0	y
4	边柱	2.53	—	0	1	0	0.43	0.43
	中柱	4.41	—	0	1	0	0.45	0.45
3	边柱	2.53	1	0	1	0	0.48	0.48
	中柱	4.41	1	0	1	0	0.50	0.50
2	边柱	2.53	1	0	1.25	0	0.50	0.50
	中柱	4.41	1	0	1.25	0	0.50	0.50
1	边柱	3.66	0.8	0	—	0	0.55	0.55
	中柱	6.37	0.8	0	—	0	0.55	0.55

注：风荷载作用下的反弯点高度按均布水平力考虑，查附表 1-1。

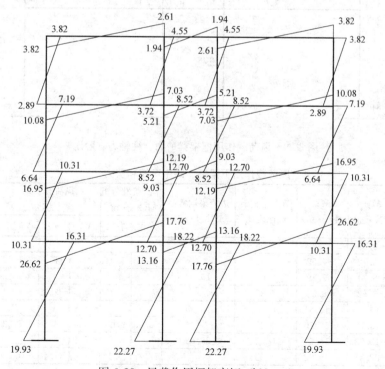

图 3-28 风载作用框架弯矩（kN·m）

层次	$h(\text{m})$	$V_{ik}(\text{kN})$	$\sum D(\text{kN/mm})$	柱别	D_i	V_i	y	$M_\text{下}$	$M_\text{上}$
4	3.6	8.32	34.82	边柱	7.80	−1.86	0.43	−2.89	−3.82
				中柱	9.61	−2.30	0.45	−3.72	−4.55
3	3.6	17.15	34.82	边柱	7.80	−3.84	0.48	−6.64	−7.19
				中柱	9.61	−4.73	0.50	−8.52	−8.52
2	3.6	25.57	34.82	边柱	7.80	−5.73	0.50	−10.31	−10.31
				中柱	9.61	−7.06	0.50	−12.70	−12.70
1	5.2	34.10	14.44	边柱	3.41	−8.05	0.55	−19.93	−16.31
				中柱	3.81	−9.00	0.55	−22.27	−18.22

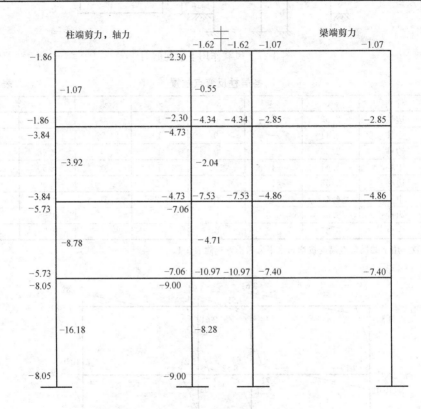

图 3-29　风荷载作用框架梁剪力、柱轴力（kN）

层次	柱别	$M_\text{下}$ (kN·m)	$M_\text{上}$ (kN·m)	节点左右梁线刚度比	边跨梁端弯矩 M(kN·m)	中跨梁端弯矩 M(kN·m) 左梁	中跨梁端弯矩 M(kN·m) 右梁	风荷载下梁端剪力(kN) V_A	风荷载下梁端剪力(kN) $V_{B左}$	风荷载下梁端剪力(kN) $V_{B右}$	边跨梁跨中弯矩(kN·m)
4	边柱	−2.89	3.82	0.00	3.82			−1.07			−0.61
	中柱	−3.72	−4.55	1.35		2.61	1.94		−1.07	−1.62	
3	边柱	−6.64	−7.19	0.00	10.08			−2.85			−1.53
	中柱	−8.52	−8.52	1.35		7.03	5.21		−2.85	−4.34	
2	边柱	−10.31	−10.31	0.00	16.95			−4.86			−2.38
	中柱	−12.70	−12.70	1.35		12.19	9.03		−4.86	−7.53	
1	边柱	−19.93	−16.31	0.00	26.62			−7.40			−4.43
	中柱	−22.27	−18.22	1.35		17.76	13.16		−7.40	−10.97	

层次	柱别	M_F(kN·m)	$M_上$(kN·m)	风荷载作用下梁端剪力(kN)			柱轴力(kN)	
				V_A	$V_{B左}$	$V_{B右}$	N_A	N_B
4	边柱	−2.89	−3.82	−1.07			−1.07	
	中柱	−3.72	−4.55		−1.07	−1.62		−0.55
3	边柱	−6.64	−7.19	−2.85			−3.92	
	中柱	−8.52	−8.52		−2.85	−4.34		−2.04
2	边柱	−10.31	−10.31	−4.86			−8.78	
	中柱	−12.70	−12.70		−4.86	−7.53		−4.71
1	边柱	−19.93	−16.31	−7.40			−16.18	
	中柱	−22.27	−18.22		−7.40	−10.97		−8.28

3.2.4 地震作用下横向框架的内力计算

1.0.5 （雪＋活）重力荷载作用下横向框架的内力计算

按《建筑抗震设计规范》GB 50011—2010，计算重力荷载代表值时，顶层取用雪荷载，其他各层取用活荷载。当雪荷载与活荷载相差不大时，可近似按满跨活荷载布置。

（1）横梁线荷载计算

顶层横梁：雪载　　边跨　0.65×4.5×0.5＝1.46kN/m

　　　　　　　　中间跨　0.65×2.4×0.5＝0.78kN/m

二至四层横梁：活载　边跨　11.25kN/m×0.5＝5.63kN/m

　　　　　　　　中间跨　8.4kN/m×0.5＝4.2kN/m

（2）纵梁引起柱端附加弯矩：（本例中边框架纵梁偏向外侧，中框架纵梁偏向走廊）

顶层外纵梁 $M_{A4}=-M_{D4}=0.5×0.65×4.5/2×4.5/2×0.075=1.65×0.075=$

0.12kN·m

楼层外纵梁 $M_{A1}=-M_{D1}=0.5×12.66×0.075=6.33×0.075=0.47$kN·m

顶层中纵梁 $M_{B4}=-M_C=-0.5×0.65×[4.5/2×4.5/2+(4.5+4.5-2.4)/2×2.4/2]$

$×0.075=-2.93×0.075=-0.22$kN·m

楼层中纵梁 $M_{B1}=-M_{C1}=-0.5×26.52×0.075=-13.26×0.075=-0.99$kN·m

（逆时针为正）

（3）计算简图

（4）固端弯矩

顶层横梁

$$\overline{M}_{A4B4}=-\overline{M}_{A4B4}=-\frac{1}{12}ql^2(1-2a^2/l^2+a/l^3)$$

$$=-\frac{1}{12}×1.46×6.0^2(1-2×2.25^2/6^2+2.25^3/6^3)=-3.38\text{kN·m}$$

$$\overline{M}_{A4B4}=-5/96ql^2=-5/96×0.78×2.4^2=-0.23\text{kN·m}$$

$$\overline{M}_{A4B4}=-1/32ql^2=-1/32×0.78×2.4^2=-0.12\text{kN·m}$$

二至四层横梁

$$\overline{M}_{A1B1}=-\overline{M}_{A1B1}=-\frac{1}{12}ql^2(1-2a^2/l^2+a^3/l^3)$$

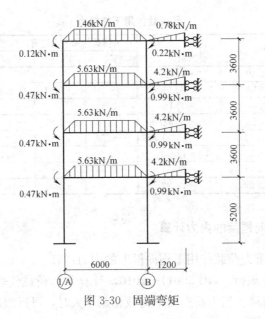

图 3-30 固端弯矩

$$=-\frac{1}{12}\times5.63\times6.0^2(1-2\times2.25^2/6^2+2.25^3/6^3)=-1.26\text{kN}\cdot\text{m}$$

$$\overline{M}_{B1D1}=-5/96ql^2=-5/96\times4.2\times2.4^2=-1.26\text{kN}\cdot\text{m}$$

$$\overline{M}_{B1D1}=-1/32ql^2=-1/32\times4.2\times2.4^2=-0.76\text{kN}\cdot\text{m}$$

（5）不平衡弯矩

$$M_A=\overline{M}_{A4B4}+\overline{M}_{A4}=-3.38+0.12=-3.26\text{kN}\cdot\text{m}$$

$$M_{A1}=M_{A2}=M_{A3}=\overline{M}_{A1B1}+\overline{M}_{A1}=-13.04+0.47=-12.57\text{kN}\cdot\text{m}$$

$$M_{B4}=\overline{M}_{B4A4}+\overline{M}_{B4}+\overline{M}_{B4D4}=3.38-0.22-0.23=2.93\text{kN}\cdot\text{m}$$

$$M_{B1}=M_{B2}=M_{B3}=\overline{M}_{B1A1}+\overline{M}_{B1}+\overline{M}_{B1D1}=13.04-0.99-1.26=10.79\text{kN}\cdot\text{m}$$

（6）弯矩分配计算（采用迭代法）

弯矩分配过程如图 3-31 所示，0.5（雪＋活）作用下梁、柱弯矩如图 3-32 所示，梁剪力、柱轴力如图 3-33 所示。

根据所求出的梁端弯矩，再通过平衡条件，即可求出 0.5（雪＋活）作用下梁剪力、柱轴力，计算过程见表 3-27～表 3-30。

0.5（雪＋活）作用下 AB 跨梁端剪力标准值　　　　　表 3-27

层	q(kN/m)	a(m)	l(m)	$u=(l-a)\times q/2$(kN)	M_{AB} (kN·m)	M_{BA} (kN·m)	$\dfrac{M_{ik}}{/l}$(kN)	$V_{1/A}=u-\sum M_{ik}/l$(kN)	$V_B=-(u+\sum M_{ik}/l)$(kN)
4	1.46	2.25	6	2.74	−2.34	2.81	0.08	2.66	−2.82
3	5.63	2.25	6	10.56	−8.32	10.7	0.40	10.16	−10.95
2	5.63	2.25	6	10.56	−9.01	11.06	0.34	10.21	−10.90
1	5.63	2.25	6	10.56	−7.67	10.4	0.46	10.10	−11.01

0.5（雪＋活）作用下 BC 跨梁端剪力标准值　　　　　表 3-28

层	q(kN/m)	l(m)	$ql/4$(kN)	$V_B=ql/4$ (kN)	$V_C=-ql/4$(kN)
4	0.78	2.4	0.47	0.47	−0.47
3	4.2	2.4	2.52	2.52	−2.52
2	4.2	2.4	2.52	2.52	−2.52
1	4.2	2.4	2.52	2.52	−2.52

0.5（雪十活）作用下 AB 跨跨中弯矩（kN·m）　　　　表 3-29

层	q(kN/m)	a(m)	l(m)	u=(l−a)×q/2	M_{AB}	$\sum M_{ik}/l$ (kN)	$V_1/A=u-\sum M_{ik}/l$ (kN)	$M=1.05u-M_{AB}-V_{1/A}×l/2$
4	1.46	2.25	6	2.74	−2.34	0.08	2.66	−2.77
3	5.63	2.25	6	10.56	−8.32	0.4	10.16	−11.08
2	5.63	2.25	6	10.56	−9.01	0.34	10.21	−10.54
1	5.63	2.25	6	10.56	−7.67	0.46	10.1	−11.55

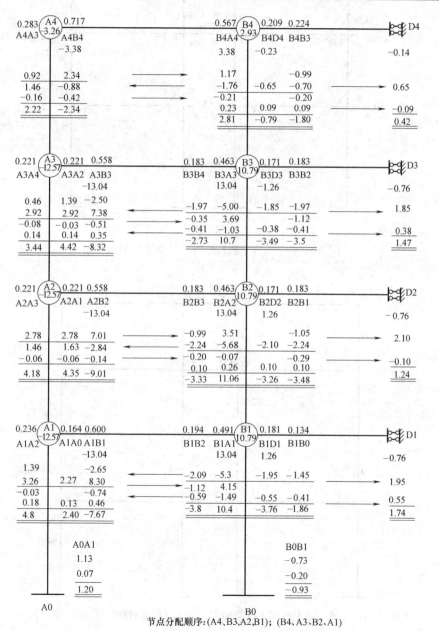

节点分配顺序:(A4、B3、A2、B1)；(B4、A3、B2、A1)

图 3-31　0.5（雪十活）作用下迭代计算

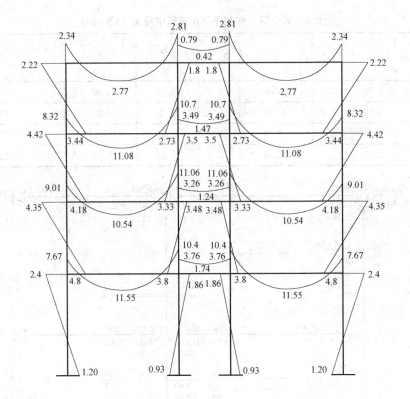

图 3-32　0.5（雪+活）作用下杆端弯矩（kN·m）

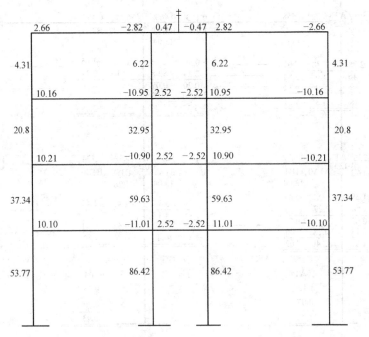

图 3-33　0.5（雪+活）作用下框架轴力、剪力（根据对称只算 AB、BC 跨，kN）

层	边柱（A轴）			中柱（B轴）		
	横梁端部剪力	纵梁端部剪力	柱轴力	横梁端部剪力	纵梁端部剪力	柱轴力
4	2.66	1.65	4.31	3.29	2.93	6.22
3	10.16	6.33	20.8	13.47	13.26	32.95
2	10.21	6.33	37.34	13.42	13.26	59.63
1	10.1	6.33	53.77	13.53	13.26	86.42

2. 地震作用下横向框架的内力计算

地震作用下框架柱剪力及柱端弯矩计算过程见表 3-31、梁端弯矩计算过程见表 3-32、柱剪力和轴力计算过程见表 3-33，地震作用下框架弯矩见图 3-34，框架梁剪力、柱轴力见图 3-35。

地震作用下横向框架柱剪力（kN）及柱端弯矩（kN·m） 表 3-31

层次	层间剪力	总剪力	柱别	D_i (kN/mm)	ΣD (kN/mm)	V_i (kN)	y	h (m)	$M_下$	$M_上$
4	554.2	554.2	边柱	7.80	396.26	10.91	0.45	3.6	−16.89	−22.39
			中柱	9.61		13.44	0.45		−21.77	−26.61
3	356.57	910.77	边柱	7.80	396.26	17.93	0.48	3.6	−30.98	−33.56
			中柱	9.61		22.09	0.50		−39.76	−39.76
2	253.05	1163.82	边柱	7.80	396.26	22.91	0.50	3.6	−41.24	−41.24
			中柱	9.61		28.22	0.50		−50.80	−50.80
1	161.47	1325.29	边柱	3.41	171.96	26.28	0.55	5.2	−75.16	−61.50
			中柱	3.81		29.36	0.55		−83.98	−68.71

注：地震作用下按倒三角分布水平力考虑，根据对称只算 A、B 轴。

地震作用下梁端弯矩（kN·m） 表 3-32

层次	柱别	$M_下$	$M_上$	节点左右梁线刚度比	边跨梁端弯矩 M	中跨梁端弯矩 M		地震作用下梁端剪力(kN)			边跨梁跨中弯矩
						左梁	右梁	V_A	$V_{B左}$	$V_{B右}$	
4	边柱	−16.89	−22.39	0	22.39			−6.28			−3.55
	中柱	−21.77	−26.61	1.35		15.28	11.32		−6.28	−9.43	
3	边柱	−30.98	−33.56	0	50.45			−14.30			−7.55
	中柱	−39.76	−39.76	1.35		35.35	26.18		−14.30	−21.82	
2	边柱	−41.24	−41.24	0	72.22			−20.71			−10.10
	中柱	−50.8	−50.8	1.35		52.02	38.54		−20.71	−32.11	
1	边柱	−75.16	−61.5	0	102.74			−28.57			−17.04
	中柱	−83.98	−68.71	1.35		68.65	50.86		−28.57	−42.38	

地震作用梁剪力、柱轴力（kN） 表 3-33

层次	柱别	$M_下$(kN·m)	$M_上$(kN·m)	地震作用下梁端剪力			柱轴力	
				V_A	$V_{B左}$	$V_{B右}$	N_A	N_B
4	边柱	−16.89	−22.39	−6.28			−6.28	
	中柱	−21.77	−26.61		−6.28	−9.43		−3.15
3	边柱	−30.98	−33.56	−14.3			−20.58	
	中柱	−39.76	−39.76		−14.3	−21.82		−10.67
2	边柱	−41.24	−41.24	−20.71			−41.29	
	中柱	−50.8	−50.8		−20.71	−32.11		−22.07
1	边柱	−75.16	−61.5	−28.57			−69.86	
	中柱	−83.98	−68.71		−28.57	−42.38		−35.88

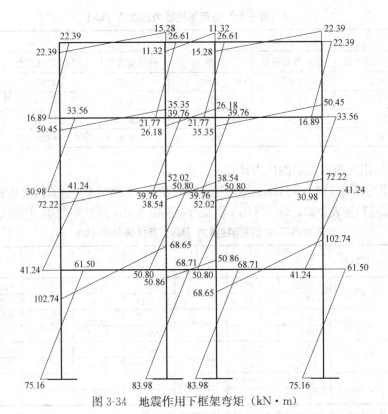

图 3-34　地震作用下框架弯矩（kN·m）

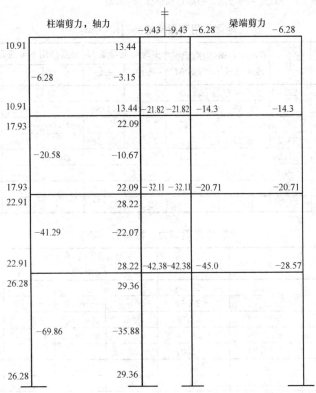

图 3-35　地震作用下框架梁剪力、柱轴力（kN）

4 框架内力组合

框架在各种荷载作用下的内力确定后，必须找出各构件的控制截面及其最不利内力组合。

4.1 荷 载 组 合

1. 无地震作用效应组合（一般荷载组合）

对于一般的框架结构，基本组合可采用简化规则，取下列组合值中的最不利值：

(1) 由可变荷载效应控制的组合：

$$S_d = \sum_{j=1}^{m} \gamma_{G_j} S_{G_j k} + \gamma_{Q_1} \gamma_{L_1} S_{Q_1 k} + \sum_{i=2}^{n} \gamma_{Q_i} \gamma_{L_i} \psi_{c_j} S_{Q_i k} \tag{4-1}$$

(2) 由永久荷载效应控制的组合：

$$S_d = \sum_{j=1}^{m} \gamma_{G_j} S_{G_j k} + \sum_{i=1}^{n} \gamma_{Q_i} \gamma_{L_i} \psi_{c_i} S_{Q_i k} \tag{4-2}$$

式中　γ_{G_j}——第 j 个永久荷载的分项系数，具体取值为：

1) 当永久荷载效应对结构不利时，对由可变荷载效应控制的组合应取 1.2；对由永久荷载效应控制的组合应取 1.35；

2) 当永久荷载效应对结构有利时，不应大于 1.0。

γ_{Q_i}——第 i 个可变荷载的分项系数，其中 γ_{Q_1} 为主导可变荷载 Q_1 的分项系数，具体取值为：一般情况下应取 1.4；对活荷载标准值大于 $4kN/m^2$ 的工业房屋，分项系数应取 1.3；

$S_{G_j k}$——按第 j 个永久荷载标准值 G_{jk} 计算的荷载效应值；

$S_{Q_i k}$——按第 i 个可变荷载标准值 Q_{ik} 计算的荷载效应值，其中 $S_{Q_1 k}$ 为诸可变荷载效应中起控制作用者；

ψ_{c_i}——第 i 个可变荷载 Q_i 的组合值系数，对于民用建筑楼面活荷载，除了书库、档案室、储藏室、通风及电梯机房取 0.9，其余情况均取 0.7；对于风荷载的组合系数取 0.6；对于雪荷载的组合系数取 0.7；

m——参与组合的永久荷载数；

n——参与组合的可变荷载数；

γ_{L_i}——第 i 个可变荷载考虑设计使用年限的调整系数，其中 γ_{L_1} 为主导可变荷载 Q_1 考虑设计使用年限的调整系数；楼面和屋面活荷载考虑设计使用年限的调整系数具体取值见表 4-1。

楼面和屋面活荷载考虑设计使用年限的调整系数 γ_L　　　　表 4-1

结构设计使用年限(年)	5	50	100
调整系数 γ_L	0.9	1.0	1.1

2. 有地震作用效应组合

有地震作用效应组合时，应按下式计算：

$$S=\gamma_G S_{GE}+\gamma_{Eh} S_{Ehk}+\gamma_{Ev} S_{Evk}+\psi_w \gamma_w S_{wk} \tag{4-3}$$

式中　S——结构构件内力组合的设计值，包括组合的弯矩、轴向力和剪力设计值；

　　　γ_G——重力荷载分项系数，一般情况应采用1.2，当重力荷载效应对构件承载能力有利时，不应大于1.0；

γ_{Eh}、γ_{Ev}——分别为水平、竖向地震作用分项系数，应按表4-2采用；

　　　γ_w——风荷载分项系数，应采用1.4；

　　S_{GE}——重力荷载代表值的效应，有吊车时，尚应包括悬吊物重力标准值的效应；

　　S_{Ehk}——水平地震作用标准值的效应，尚应乘以相应的增大系数或调整系数；

　　S_{Evk}——竖向地震作用标准值的效应，尚应乘以相应的增大系数或调整系数；

　　S_{wk}——风荷载标准值的效应；

　　ψ_w——风荷载组合值系数，一般结构取0.0，风荷载起控制作用的高层建筑应采用0.2。

地震作用分项系数　　　　　　　　　　　　　　　表4-2

地震作用	γ_{Eh}	γ_{Ev}
仅计算水平地震作用	1.3	0
仅计算竖向地震作用	0	1.3
同时计算水平与竖向地震作用（水平地震为主）	1.3	0.5
同时计算水平与竖向地震作用（竖向地震为主）	0.5	1.3

本章各内力组合时的单位及方向：

1）柱的内力及梁的剪力方向的规定（与前几章规定相同）：

柱弯矩 M（kN·m）顺时针为正，逆时针为负

梁柱轴力 N（kN）柱受压为正，受拉为负

梁柱剪力 V（kN）顺时针为正，逆时针为负

2）梁的弯矩方向以下部受拉为正，上部受拉为负（与前几章规定不同）。

4.2　控制截面及最不利内力

4.2.1　控制截面

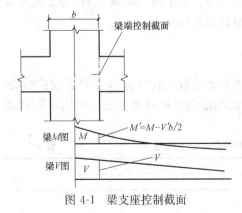

图 4-1　梁支座控制截面

框架梁的控制截面是跨内最大弯矩截面和支座截面，跨内最大弯矩截面可用求极值的方法准确求出，为了简便，通常取跨中截面作为控制截面。支座截面一般由受弯和受剪承载力控制，梁支座截面的最不利位置在柱边，配筋时应采用梁端部截面内力，而不是轴线处的内力，见图4-1。柱边梁端的剪力和弯矩可按下式计算：

$$V'=V-(g+p)b/2 \tag{4-4}$$

$$M'=M-V'b/2 \tag{4-5}$$

式中　V'，M'——梁端柱边截面的剪力和弯矩，当计算水平荷载或竖向集中荷载产生的内力时，则$V'=V$；

　　　　V，M——内力计算得到的梁端柱轴线截面的剪力和弯矩；

　　　　g，p——作用在梁上的竖向分布恒荷载和活荷载设计值。

对于框架柱，其弯矩、轴力和剪力沿柱高是线性变化的，柱两端截面的弯矩最大，剪力和轴力在一层内的变化较小，因此，柱的控制截面在柱的上下端。

4.2.2　最不利内力组合

框架梁截面最不利内力组合有：

梁端截面$+M_{max}$、$-M_{max}$、V_{max}

梁跨中截面$+M_{max}$，$-M_{max}$

柱端的最不利内力取下列四种情况：

$+M_{max}$及相应的N、V；

$-M_{min}$及相应的N、V；

N_{max}及相应的M、V；

N_{min}及相应的M、V。

钢筋混凝土柱的破坏形态随M、N比值的不同而变化：对大偏心受压破坏，弯矩不变，轴力越小所需配筋越多；对小偏心受压破坏，弯矩不变，轴力越大所需配筋越多；对大偏压和小偏压破坏，轴力不变，弯矩越大所需配筋越多。因此，设计框架柱应在多组组合内力中选出所需配筋最多的内力组合进行配筋计算；若不能明确最不利组合内力，则需分别计算配筋，确定最大配筋。

4.3　弯　矩　调　幅

在竖向荷载作用下，可考虑框架梁端塑性变形产生的内力重分布，对梁端负弯矩乘以调幅系数进行调幅，并应符合下列规定：

（1）现浇框架梁端负弯矩调幅系数β可取为$0.8\sim0.9$，调幅后的弯矩：

$$M^l = \beta M^{l0} \tag{4-6}$$

$$M_r = \beta M^{r0} \tag{4-7}$$

式中　M^{l0}、M^{r0}——未调幅前梁左、右两端的弯矩。

（2）框架梁端负弯矩调幅后，梁跨中弯矩应按平衡条件相应增大调幅后跨中弯矩可按公式（4-8）或公式（4-9）计算：

$$M = M_{中} - \frac{1}{2}(1-\beta)(M^{l0} + M^{r0}) \tag{4-8}$$

$$M = M + \frac{1}{2}(M^{l0} + M^{r0})\beta \tag{4-9}$$

式中　$M_{中}$——调幅前梁跨中弯矩标准值；

M_0——按简支梁计算的跨中弯矩标准值；

M^{l0}、M^{r0}——连续梁的左、右支座截面弯矩调幅前的变矩标准值；

M——弯矩调幅后梁跨中弯矩标准值。

（3）对竖向荷载作用下框架梁的弯矩调幅后，再与水平作用产生的框架梁弯矩进行组合；

（4）截面设计时，框架梁跨中截面正弯矩设计值不应小于竖向荷载作用下按简支梁计算的跨中弯矩设计值的50%。

由于对梁在竖向荷载作用下产生的支座弯矩进行了调幅，因此，其界限相对受压区高度应取0.35而不是ξ_b。

4.4 例 题 计 算

取$\beta=0.9$对梁进行调幅，调幅计算过程见表4-3。

框架梁弯矩调幅计算 表 4-3

荷载种类	杆件	跨向	弯矩标准值(kN·m)			调幅系数	调幅后弯矩标准值(kN·m)		
			M^{l0}	M^{r0}	M_0	β	M^l	M^r	M
恒载（永久荷载）	顶层	AB	−30.03	−45.80	60.51	0.9	−27.03	−41.22	64.30
		BC	−20.55	−20.55	−13.57	0.9	−18.50	−18.50	−11.52
	四层	AB	−37.49	−43.58	38.53	0.9	−33.74	−39.22	42.58
		BC	−10.52	−10.52	−4.90	0.9	−9.47	−9.47	−3.85
	三层	AB	−35.37	−42.53	38.87	0.9	−31.83	−38.55	42.78
		BC	−11.29	−11.29	−5.67	0.9	−10.16	−10.16	−4.54
	二层	AB	−30.86	−40.60	43.36	0.9	−27.77	−36.54	46.93
		BC	−13.01	−13.01	−7.39	0.9	−11.71	−11.71	−6.09
活载（1）	顶层	AB	−2.69	−4.45	7.96	0.9	−2.42	−4.01	8.32
		BC	−2.41	−2.41	−2.41	0.9	−2.17	−2.17	−2.17
	四层	AB	−1.97	−2.87	−2.42	0.9	−1.77	−2.58	−2.18
		BC	−1.0	−1.0	3.03	0.9	−0.90	−0.90	3.13
	三层	AB	−14.87	−18.73	24.34	0.9	−13.38	−16.86	26.02
		BC	−6.16	−6.16	−6.16	0.9	−5.54	−5.54	−5.54
	二层	AB	−1.48	−2.66	−2.08	0.9	−1.33	−2.39	−1.87
		BC	−1.13	−1.13	2.90	0.9	−1.02	−1.02	3.01
活载（2）	顶层	AB	−5.22	−5.95	5.94	0.9	−4.70	−5.36	6.50
		BC	−1.27	−1.27	−1.27	0.9	−1.14	−1.14	−1.14
	四层	AB	−15.37	−18.92	23.99	0.9	−13.83	−17.03	25.70
		BC	−5.70	−5.70	−5.70	0.9	−5.13	−5.13	−5.13
	三层	AB	−3.06	−3.04	−3.05	0.9	−2.75	−2.74	−2.75
		BC	−0.29	−0.29	3.74	0.9	−0.26	−0.26	3.77

荷载种类	杆件	跨向	弯矩标准值(kN·m)			调幅系数	调幅后弯矩标准值(kN·m)		
			M^{l0}	M^{r0}	M_0	β	M^l	M^r	M
活载(2)	二层	AB	−13.85	−18.12	25.15	0.9	−12.47	−16.31	26.75
		BC	−6.37	−6.37	−6.37	0.9	−5.73	−5.73	−5.73
活载(3)	顶层	AB	−5.18	−5.75	6.04	0.9	−4.66	−5.18	6.59
		BC	−1.35	−1.35	−1.35	0.9	−1.22	−1.22	−1.22
	四层	AB	−15.02	−20.65	23.29	0.9	−13.52	−18.59	25.07
		BC	−7.50	−7.50	−3.47	0.9	−6.75	−6.75	−2.72
	三层	AB	−3.39	−1.47	−2.43	0.9	−3.05	−1.32	−2.19
		BC	1.35	1.35	1.35	0.9	1.22	1.22	1.22
	二层	AB	−13.51	−19.93	24.41	0.9	−12.16	−17.94	26.08
		BC	−8.14	−8.14	−4.11	0.9	−7.33	−7.33	−3.30
活载(4)	顶层	AB	−4.90	−5.99	6.08	0.9	−4.41	−5.39	6.62
		BC	−1.78	−1.78	−0.98	0.9	−1.60	−1.60	−0.80
	四层	AB	−16.68	−21.41	22.08	0.9	−15.01	−19.27	23.98
		BC	−6.95	−6.95	−2.92	0.9	−6.26	−6.26	−2.23
	三层	AB	−17.98	−22.10	21.08	0.9	−16.18	−19.89	23.08
		BC	−6.52	−6.52	−2.49	0.9	−5.87	−5.87	−1.84
	二层	AB	−15.33	−20.78	23.07	0.9	−13.80	−18.70	24.88
		BC	−7.51	−7.51	−3.48	0.9	−6.76	−6.76	−2.73
0.5 (雪载+活载)	顶层	AB	−2.34	−2.81	2.77	0.9	−2.11	−2.53	3.03
		BC	−0.79	−0.79	−0.42	0.9	−0.71	−0.71	−0.34
	四层	AB	−8.32	−10.7	11.08	0.9	−7.49	−9.63	12.03
		BC	−3.49	−3.49	−1.47	0.9	−3.14	−3.14	−1.12
	三层	AB	−9.01	−11.06	10.54	0.9	−8.11	−9.95	11.54
		BC	−3.26	−3.26	−1.24	0.9	−2.93	−2.93	−0.91
	二层	AB	−7.67	−10.4	11.55	0.9	−6.90	−9.36	12.45
		BC	−3.76	−3.76	−1.74	0.9	−3.38	−3.38	−1.36

一般组合采用三种组合形式即可（表 4-4、表 4-6）：

（1）可变荷载效应控制时：

$$\begin{cases} 1.2恒_K + 1.4活_K + 0.6 \times 1.4风_K \\ 1.2恒_K + 1.4 \times 0.7活_K + 1.4风_K \end{cases}$$

（2）永久荷载效应控制时

$$1.35恒_K + 0.7 \times 1.4活_K$$

考虑地震作用的组合见表 4-5、表 4-7。

横向框架梁内力组合（一般组合）

表 4-4

杆件	跨向	截面	内力	荷载种类									内力组合				
				恒载	活荷载				活载最大值	风载		1.2恒+1.4活+1.4×0.6风		1.2恒+1.4×0.7活+1.4风		1.35恒+1.4×0.7活
					a	b	c	d		左风	右风	左风	右风	左风	右风	
顶层横梁	AB跨	梁左端	M	−27.03	−2.42	−4.70	−4.66	−4.41	−4.70	3.82	−3.82	−35.81	−42.22	−31.69	−42.39	−41.10
			V	50.67	5.62	5.79	5.81	5.73	5.81	−1.07	1.07	68.04	69.84	65.00	68.00	74.10
		跨中	M	64.30	8.32	6.50	6.59	6.62	8.32	0.61	−0.61	89.32	88.30	86.17	84.46	94.96
		梁右端	M	−41.22	−4.01	−5.36	−5.18	−5.39	−5.39	−2.61	2.61	−59.20	−54.82	−58.40	−51.09	−60.93
			V	−55.93	−6.20	−6.03	−6.01	−6.09	−6.20	−1.07	1.07	−76.69	−74.90	−74.69	−71.69	−81.58
	BC跨	梁左端	M	−18.50	−2.17	−1.14	−1.22	−1.60	−2.17	1.94	−1.94	−23.61	−26.87	−21.61	−27.04	−27.10
			V	9.52	0.00	0.00	0.00	1.01	1.01	−1.62	1.62	11.48	14.20	10.15	14.68	13.84
		跨中	M	−11.52	−2.17	−1.14	−1.22	−0.80	−2.17	−1.62	0.00	−16.86	−16.86	−15.95	−15.95	−17.68
		梁右端	M	−18.50	−2.17	−1.14	−1.22	−1.60	−2.17	−1.94	1.94	−26.87	−23.61	−27.04	−21.61	−27.10
			V	−9.52	0.00	0.00	0.00	−1.01	−1.01	−1.62	1.62	−14.20	−11.48	−14.68	−10.15	−13.84
四层横梁	AB跨	梁左端	M	−33.74	−1.77	−13.83	−13.52	−15.01	−15.01	10.08	−10.08	−53.03	−69.97	−41.09	−69.31	−60.26
			V	42.36	−0.15	20.50	20.15	20.30	20.50	−2.85	2.85	77.14	81.93	66.93	74.91	77.28
		跨中	M	42.58	2.18	25.70	25.07	23.98	25.70	1.53	−1.53	88.36	85.79	78.42	74.14	82.67
		梁右端	M	−39.22	−2.58	−17.03	−18.59	−19.27	−19.27	−7.03	7.03	−79.95	−68.14	−75.79	−56.11	−71.83
			V	−44.40	−0.15	−21.68	−22.03	−21.88	−22.03	−2.85	2.85	−86.52	−81.73	−78.86	−70.88	−81.53
	BC跨	梁左端	M	−9.47	−0.90	−5.13	−6.75	−6.26	−6.75	5.21	−5.21	−16.44	−25.19	−10.69	−25.27	−19.40
			V	7.82	5.04	0.00	5.04	5.04	5.04	−7.53	7.53	10.11	22.77	3.78	24.87	15.50
		跨中	M	−3.85	3.13	−5.13	−2.72	−2.23	−5.13	−7.53	7.53	−11.80	−11.80	−9.65	−9.65	−10.22
		梁右端	M	−9.47	−0.90	−5.13	−6.75	−6.26	−6.75	−5.21	5.21	−25.19	−16.44	−25.27	−10.69	−19.40
			V	−7.82	−5.04	0.00	−5.04	−5.04	−5.04	−7.53	7.53	−22.77	−10.11	−24.87	−3.78	−15.50

杆件	跨向	截面	内力	恒载	活荷载 a	活荷载 b	活荷载 c	活荷载 d	活载最大值	风载 左风	风载 右风	1.2恒+1.4活+1.4×0.6风 左风	1.2恒+1.4活+1.4×0.6风 右风	1.2恒+1.4活+1.4×0.7活+1.4风 左风	1.2恒+1.4活+1.4×0.7活+1.4风 右风	1.35恒+1.4×0.7活
三层横梁	AB跨	梁左端	M	-31.83	-13.38	-2.75	-3.05	-16.18	-16.18	16.95	-16.95	-46.61	-75.09	-30.32	-77.78	-58.83
			V	42.50	20.45	0.00	0.32	20.40	20.45	-4.86	4.86	75.55	83.71	64.24	77.85	77.42
		跨中	M	42.78	26.02	-2.75	-2.19	23.08	26.02	2.38	-2.38	89.76	85.76	80.17	73.50	83.25
		梁右端	M	-38.55	-16.86	-2.74	-1.32	-19.89	-19.89	-12.19	12.19	-84.35	-63.87	-82.82	-8.69	-71.53
			V	-44.26	-21.73	0.00	0.32	-21.78	-21.78	-4.86	4.86	-87.69	-79.52	-81.26	-67.65	-81.10
	BC跨	梁左端	M	-10.16	-5.54	-0.26	1.22	-5.87	-5.87	9.03	-9.03	-12.82	-28.00	-5.30	-30.59	-19.47
			V	7.82	0.00	5.04	0.00	5.04	5.04	-7.53	7.53	10.11	22.77	3.78	2.87	15.50
		跨中	M	-4.54	-5.54	3.77	1.22	-1.84	-5.54	0.00	0.00	-13.20	-13.20	-10.88	-0.88	-11.56
		梁右端	M	-10.16	-5.54	-0.26	1.22	-5.87	-5.87	-9.03	9.03	-28.00	-12.82	-30.59	-5.30	-19.47
			V	-7.82	0.00	-5.04	0.00	-5.04	-5.04	-7.53	7.53	-22.77	-10.11	-24.87	-3.78	-15.50
二层横梁	AB跨	梁左端	M	-27.77	-1.33	-12.47	-12.16	-13.80	-13.80	26.62	-26.62	-30.28	-75.00	-9.58	-84.12	-51.01
			V	41.76	-0.20	20.38	20.02	20.18	20.38	-7.40	7.40	72.43	84.86	59.72	80.44	76.35
		跨中	M	46.93	1.87	26.75	26.08	24.88	26.75	4.43	-4.43	97.49	90.04	88.73	76.33	89.57
		梁右端	M	-36.54	-2.39	-16.31	-17.94	-18.70	-18.70	-17.76	17.76	-84.95	-55.11	-87.04	-57.31	-67.66
			V	-45.50	-0.20	-21.80	-22.16	-22.00	-22.16	-7.40	7.40	-91.84	-79.41	-86.68	-65.96	-83.14
	BC跨	梁左端	M	-11.71	-1.02	-5.73	-7.33	-6.76	-7.33	13.16	-13.16	-13.26	-35.37	-2.81	-39.66	-22.99
			V	7.82	5.04	0.00	5.04	5.04	5.04	-10.97	10.97	7.23	25.65	1.03	25.68	15.50
		跨中	M	-6.09	3.01	-5.73	-3.30	-2.73	-5.73	0.00	0.00	-15.33	-15.33	-12.92	-12.92	-13.84
		梁右端	M	-11.71	-1.02	-5.73	-7.33	-6.76	-7.33	-13.16	13.16	-35.37	-13.26	-39.66	-2.81	-22.99
			V	-7.82	-5.04	0.00	-5.04	-5.04	-5.04	-10.97	10.97	-25.65	-7.23	-29.68	1.03	-15.50

注：M 单位 kN·m，V 单位 kN。

杆件	跨向	截面	内力	荷载种类				内力组合	
				恒载（永久荷载）	0.5(雪＋活)	地震作用		1.2[恒＋0.5(雪＋活)]＋1.3地震作用	
						向左	向右	向左	向右
顶层横梁	AB跨	梁左端	M	−27.03	−2.11	22.39	−22.39	−5.86	−64.08
			V	50.67	2.66	−6.28	6.28	55.83	72.16
		跨中	M	64.30	3.03	3.55	−3.55	85.41	76.18
		梁右端	M	−41.22	−2.53	−15.28	15.28	−72.36	−32.64
			V	−55.93	−2.82	−6.28	6.28	−78.66	−62.34
	BC跨	梁左端	M	−18.50	−0.71	11.32	−11.32	−8.34	−37.77
			V	9.52	0.47	−9.43	9.43	−0.27	24.25
		跨中	M	−11.52	−0.34	0.00	0.00	−14.23	−14.23
		梁右端	M	−18.50	−0.71	−11.32	11.32	−37.77	−8.34
			V	−9.52	−0.47	−9.43	9.43	−24.25	0.27
四层横梁	AB跨	梁左端	M	−33.74	−7.49	50.45	−50.45	16.11	−115.06
			V	42.36	10.16	−14.30	14.30	44.43	81.61
		跨中	M	42.58	12.03	7.55	−7.55	75.35	55.72
		梁右端	M	−39.22	−9.63	−35.35	35.35	−104.58	−12.67
			V	−44.40	−10.95	−14.30	14.30	−85.01	−47.83
	BC跨	梁左端	M	−9.47	−3.14	26.18	−26.18	18.90	−49.17
			V	7.82	2.52	−21.82	21.82	−15.96	40.77
		跨中	M	−3.85	−1.12	0.00	0.00	−5.96	−5.96
		梁右端	M	−9.47	−3.14	−26.18	26.18	−49.17	18.90
			V	−7.82	−2.52	−21.82	21.82	−40.77	15.96
三层横梁	AB跨	梁左端	M	−31.83	−8.11	72.22	−72.22	45.96	−141.81
			V	42.50	10.21	−20.71	20.71	36.33	90.18
		跨中	M	42.78	11.54	10.10	−10.10	78.31	52.05
		梁右端	M	−38.55	−9.95	−52.02	52.02	−125.83	9.43
			V	−44.26	−10.90	−20.71	20.71	−93.12	−39.27
	BC跨	梁左端	M	−10.16	−2.93	38.54	−38.54	34.39	−65.81
			V	7.82	2.52	−32.11	32.11	−29.34	54.15
		跨中	M	−4.54	−0.91	0.00	0.00	−6.54	−6.54
		梁右端	M	−10.16	−2.93	−38.54	38.54	−65.81	34.39
			V	−7.82	−2.52	−32.11	32.11	−54.15	29.34
二层横梁	AB跨	梁左端	M	−27.77	−6.90	102.74	−102.74	91.96	−175.17
			V	41.76	10.10	−28.57	28.57	25.09	99.37
		跨中	M	46.93	12.45	17.04	−17.04	93.41	49.10
		梁右端	M	−36.54	−9.36	−68.65	68.65	−144.33	34.17
			V	−45.50	−11.01	−45.00	45.00	−126.31	−9.31
	BC跨	梁左端	M	−11.71	−3.38	50.86	−50.86	48.01	−84.23
			V	7.82	2.52	−42.38	42.38	−42.69	67.50
		跨中	M	−6.09	−1.36	0.00	0.00	−8.94	−8.94
		梁右端	M	−11.71	−3.38	−50.86	50.86	−84.23	48.01
			V	−7.82	−2.52	−42.38	42.38	−67.50	42.69

注：M 单位 kN·m，V 单位 kN。

横向框架柱内力组合（一般组合）

表 4-6

杆件	截面	内力	荷载种类 恒载（永久荷载）	活荷载 a	活荷载 b	活荷载 c	活荷载 d	活载最大值	风载 左风	风载 右风	1.2恒+1.4活+1.4×0.6风 左风	右风	1.2恒+0.7活+1.4风 左风	右风	1.35恒+1.4×0.7活	|Mmax|及相应的N	Nmin及相应的M	Nmax及相应的M
顶层柱 A柱	柱顶	M	25.71	2.42	4.95	4.91	4.63	4.95	-3.82	3.82	34.57	40.99	30.36	41.05	39.56	41.05	30.36	39.56
		N	108.33	9.16	9.33	9.35	9.27	9.35	-1.07	1.07	142.19	143.98	137.66	140.66	155.41	140.66	137.66	155.41
	柱底	M	19.43	-0.14	8.11	7.89	6.94	8.11	-2.89	2.89	32.24	37.10	27.22	35.31	34.18	37.10	27.22	34.18
		N	122.73	9.16	9.33	9.35	9.27	9.35	-1.07	1.07	159.47	161.26	154.94	157.94	174.85	161.26	154.94	174.85
顶层柱 B柱	柱顶	M	-20.96	-1.77	-4.41	-4.13	-3.74	-4.41	-4.55	4.55	-35.15	-27.50	-35.84	-23.10	-32.62	-35.84	-35.84	-32.62
		N	122.68	12.52	12.35	12.33	13.42	13.42	-0.55	0.55	165.54	166.47	159.60	161.14	178.77	159.60	159.60	178.77
	柱底	M	-15.41	0.53	-6.92	-6.19	-5.50	-6.92	-3.72	3.72	-31.30	-25.06	-30.48	-20.07	-27.59	-31.30	-30.48	-27.59
		N	137.06	12.52	12.35	12.33	13.42	13.42	-0.55	0.55	182.80	183.72	176.85	178.39	198.18	182.80	176.85	198.18
三层柱 A柱	柱顶	M	14.08	2.11	6.30	6.18	8.79	8.79	-7.19	7.19	23.16	35.24	15.44	35.58	27.62	35.58	15.44	27.62
		N	218.09	21.67	42.49	42.16	42.23	42.49	-3.92	3.92	317.90	324.49	297.86	308.84	336.06	308.84	297.86	336.06
	柱底	M	15.01	6.92	1.34	1.51	8.34	8.34	-6.64	6.64	24.11	35.27	16.89	35.48	28.44	35.48	16.89	28.44
		N	232.49	21.67	42.49	42.16	42.23	42.49	-3.92	3.92	335.18	341.77	315.14	326.12	355.50	326.12	315.14	355.50
三层柱 B柱	柱顶	M	-11.62	-1.36	-5.35	-4.97	-6.97	-6.97	-8.52	8.52	-30.86	-16.55	-32.70	-8.85	-22.52	-32.70	-32.70	-22.52
		N	273.25	44.23	60.55	65.92	66.86	66.86	-2.04	2.04	419.79	423.22	390.57	396.28	434.41	390.57	390.57	434.41
	柱底	M	-11.94	-5.77	-0.67	-1.24	-6.64	-6.64	-8.52	8.52	-30.78	-16.47	-32.76	-8.91	-22.63	-32.76	-32.76	-22.63
		N	287.65	44.23	60.55	65.92	66.86	66.86	-2.04	2.04	437.07	440.50	407.85	413.56	453.85	407.85	407.85	453.85

续表

杆件	跨向	截面	内力	恒载(永久荷载)	活荷载 a	b	c	d	活载最大值	风载 左风	右风	1.2恒+1.4活+1.4×0.6风 左风	右风	1.2恒+0.7活+1.4风 左风	右风	1.35恒+1.4×0.7活	$|M_{max}|$及相应的N	N_{min}及相应的M	N_{max}及相应的M
二层柱	A柱	柱顶	M	16.37	7.00	1.72	1.88	8.69	8.69	-10.31	10.31	23.15	40.47	13.73	42.59	30.62	42.59	13.73	30.62
			N	327.99	54.78	55.15	55.14	75.29	75.29	-8.78	8.78	491.62	506.37	455.08	479.66	516.57	479.66	455.08	516.57
		柱底	M	17.97	2.40	7.21	7.06	9.60	9.60	-10.31	10.31	26.34	43.66	16.54	45.41	33.67	45.41	16.54	33.67
			N	342.39	54.78	55.15	55.14	75.29	75.29	-8.78	8.78	508.90	523.65	472.36	496.94	536.01	496.94	472.36	536.01
	B柱	柱顶	M	-13.29	-5.85	-1.04	-1.58	-6.95	-6.95	-12.70	12.70	-36.35	-15.01	-40.54	-4.98	-24.75	-40.54	-40.54	-24.75
			N	423.70	92.48	92.11	92.12	120.20	120.20	-4.71	4.71	672.76	680.68	619.64	632.83	689.79	619.64	619.64	689.79
		柱底	M	-14.31	-1.51	-6.08	-5.65	-7.59	-7.59	-12.70	12.70	-38.47	-17.13	-42.39	-6.83	-26.76	-42.39	-42.39	-26.76
			N	438.10	92.48	92.11	92.12	120.20	120.20	-4.71	4.71	690.04	697.96	636.92	650.11	709.23	636.92	636.92	709.23
底层柱	A柱	柱顶	M	8.91	-0.92	5.69	5.50	4.78	5.69	-16.31	16.31	4.96	32.36	-6.57	39.10	17.60	39.10	-6.57	17.60
			N	437.15	67.24	88.19	87.82	108.13	108.13	-16.18	16.18	662.37	689.55	607.90	653.20	696.12	653.20	607.90	696.12
		柱底	M	4.46	-0.46	2.87	2.75	2.40	2.87	-19.93	19.93	-7.37	26.11	-19.74	36.07	8.83	36.07	-19.74	8.83
			N	457.95	67.24	88.19	87.82	108.13	108.13	-16.18	16.18	687.33	714.51	632.86	678.16	724.20	678.16	632.86	724.20
			V	-2.57	0.27	-1.65	-1.59	-1.38	-1.65	8.05	-8.05	1.37	-12.16	6.57	-15.97	-5.09	-15.97	6.57	-5.09
	B柱	柱顶	M	-6.98	1.03	-4.72	-4.15	-3.69	-4.72	-18.22	18.22	-30.29	0.32	-38.51	12.51	-14.05	-38.51	-38.51	-14.05
			N	574.89	124.24	140.43	145.84	173.76	173.76	-8.28	8.28	926.18	940.09	848.56	871.74	946.39	848.56	848.56	946.39
		柱底	M	-3.48	0.52	-2.36	-2.08	-1.85	-2.36	-22.27	22.27	-26.19	11.23	-37.67	24.69	-7.01	-37.67	-37.67	-7.01
			N	595.69	124.24	140.43	145.84	173.76	173.76	-8.28	8.28	951.14	965.05	873.52	896.70	974.47	873.52	873.52	974.47
			V	2.01	-0.30	1.36	1.20	1.36	1.36	9.00	-9.00	11.88	-3.24	16.34	-8.86	4.05	16.34	16.34	4.05

注: 1. 表中画横线数值用于后面的基础设计中; 2. M单位 kN·m, N和V单位 kN。

横向框架柱内力组合（考虑地震组合）　表4-7

杆件	跨向	截面	内力	荷载种类 恒载(永久荷载)	0.5(雪+活)	地震作用 向左	地震作用 向右	内力组合 1.2[恒+0.5(雪+活)]+1.3地震作用 向左	向右	±|M_max|及相应的N	N_min及相应的M	N_max及相应的M
顶层柱	A柱	柱顶	M	25.71	2.22	−22.39	22.39	4.41	62.62	62.62	4.41	62.62
			N	108.33	4.31	−6.28	6.28	127.00	143.33	143.33	127.00	143.33
		柱底	M	19.43	3.44	−16.89	16.89	5.49	49.40	49.40	5.49	49.40
			N	122.73	4.31	−6.28	6.28	144.28	160.61	160.61	144.28	160.61
	B柱	柱顶	M	−20.96	−1.8	−26.61	26.61	−61.91	7.28	−61.91	−61.91	7.28
			N	122.68	6.22	−3.15	3.15	150.59	158.78	150.59	150.59	158.78
		柱底	M	−15.41	−2.73	−21.77	21.77	−50.07	6.53	−50.07	−50.07	6.53
			N	137.06	6.22	−3.15	3.15	167.84	176.03	167.84	167.84	176.03
三层柱	A柱	柱顶	M	14.08	4.42	−33.56	33.56	−21.43	65.83	65.83	−21.43	65.83
			N	218.09	20.8	−20.58	20.58	259.91	313.42	313.42	259.91	313.42
		柱底	M	15.01	4.18	−30.98	30.98	−17.25	63.30	63.30	−17.25	63.30
			N	232.49	20.8	−20.58	20.58	277.19	330.70	330.70	277.19	330.70
	B柱	柱顶	M	−11.62	−3.5	−39.76	39.76	−69.83	33.54	−69.83	−69.83	33.54
			N	273.25	32.95	−10.67	10.67	353.57	381.31	353.57	353.57	381.31
		柱底	M	−11.94	−3.33	−39.76	39.76	−70.01	33.36	−70.01	−70.01	33.36
			N	287.65	32.95	−10.67	10.67	370.85	398.59	370.85	370.85	398.59
二层柱	A柱	柱顶	M	16.37	4.35	−41.24	41.24	−28.75	78.48	78.48	−28.75	78.48
			N	327.99	37.34	−41.29	41.29	384.72	492.07	492.07	384.72	492.07
		柱底	M	17.97	4.8	−41.24	41.24	−26.29	80.94	80.94	−26.29	80.94
			N	342.39	37.34	−41.29	41.29	402.00	509.35	509.35	402.00	509.35
	B柱	柱顶	M	−13.29	−3.48	−50.8	50.8	−86.16	45.92	−86.16	−86.16	45.92
			N	423.7	59.63	−22.07	22.07	551.31	608.69	551.31	551.31	608.69
		柱底	M	−14.31	−3.8	−50.8	50.8	−87.77	44.31	−87.77	−87.77	44.31
			N	438.1	59.63	−22.07	22.07	568.59	625.97	568.59	568.59	625.97
底层柱	A柱	柱顶	M	8.91	2.4	−61.5	61.5	−66.38	93.52	93.52	−66.38	93.52
			N	437.15	53.77	−69.86	69.86	498.29	679.92	679.92	498.29	679.92
		柱底	M	4.46	1.2	−75.16	75.16	−90.92	104.50	104.50	−90.92	104.50
			N	457.95	53.77	−69.86	69.86	523.25	704.88	704.88	523.25	704.88
			V	−2.57	−0.69	26.28	−26.28	30.25	−38.08	−38.08	30.25	−38.08
	B柱	柱顶	M	−6.98	−1.86	−68.71	68.71	−99.93	78.72	−99.93	−99.93	78.72
			N	574.89	86.42	−35.88	35.88	746.93	840.22	746.93	746.93	840.22
		柱底	M	−3.48	−0.93	−83.98	83.98	−114.47	103.88	−114.47	−114.47	103.88
			N	595.69	86.42	−35.88	35.88	771.89	865.18	771.89	771.89	865.18
			V	2.01	0.54	29.36	−29.36	41.23	−35.11	41.23	41.23	−35.11

注：表中画横线数值用于基础抗震设计中；M单位 kN·m，N和V单位 kN。

5 框架梁柱截面设计

5.1 基本理论

计算出框架梁柱控制截面内力后，应分别进行无地震作用效应组合内力和有地震作用效应组合内力进行截面设计，截面设计时分别采用下列设计表达式，实际配筋取两者中计算出的较大值：

无地震作用效应内力组合时

$$\gamma_0 S \leqslant R \tag{5-1}$$

有地震作用效应内力组合时

$$S \leqslant R/\gamma_{RE} \tag{5-2}$$

式中　γ_0——为结构重要性系数，对安全等级为一级或设计使用年限为 100 年及以上的结构构件，不应小于 1.1，对安全等级为二级或设计使用年限为 50 年的结构构件，不应小于 1.0；

　　S——为荷载效应组合的设计值；

　　R——为结构构件抗力设计值，即承载力设计值；

　　γ_{RE}——为构件承载力抗震调整系数，混凝土受弯梁取 0.75，轴压比小于 0.15 的偏压柱取 0.75，轴压比不小于 0.15 的偏压柱取 0.80，混凝土各类受剪、偏拉构件取 0.85；当仅考虑竖向地震作用组合时，各类结构构件的承载力抗震调整系数均应取为 1.0。

1. 框架梁截面设计

框架梁的截面设计包括正截面抗弯承载力设计和斜截面抗剪承载力设计，然后再根据构造要求统一调整和布置纵向钢筋和箍筋。

为确保框架"强剪弱弯"，抗震设计中，抗震等级一、二、三级的框架梁，其梁端截面组合的剪力设计值应按下式调整：

$$V = \eta_{Vb}(M_b^l + M_b^r)/l_n + V_{Gb} \tag{5-3}$$

一级框架结构及 9 度抗震设防时尚应符合：

$$V = 1.1(M_{bua}^l + M_{bua}^r)/l_n + V_{Gb} \tag{5-4}$$

式中　V——梁端截面组合的剪力设计值；

　　l_n——为梁的净跨；

　　V_{Gb}——为梁在重力荷载代表值（9 度时高层建筑还应包括竖向地震作用标准值）作用下，按简支梁分析的梁端截面剪力设计值；

　　M_b^l、M_b^r——分别为梁左右端截面反时针或顺时针方向抗震组合的弯矩设计值，一级框架两端弯矩均为负弯矩时，绝对值较小的弯矩应取零；

M_{bua}^l、M_{bua}^r——分别为梁左右端逆时针或顺时针方向实际的正截面受弯承载力所对应的弯矩值，可根据实配钢筋面积（计入受压筋）和材料强度标准值确定；

η_{Vb}——梁端剪力增大系数，抗震等级一级取1.3，二级取1.2，三级取1.1。

没有考虑地震组合的梁正截面受弯承载力计算，应按《混凝土结构设计规范》GB 50010—2010中正截面承载力计算的方法计算；当考虑地震组合的梁正截面受弯承载力计算中，计入纵向受压钢筋的梁端混凝土受压区高度还应符合下列要求：

一级抗震等级

$$x \leqslant 0.25 h_0 \tag{5-5}$$

二、三级抗震等级

$$x \leqslant 0.35 h_0 \tag{5-6}$$

式中 x——混凝土受压区高度；

h_0——截面有效高度。

没有考虑地震组合的梁斜截面受剪承载力计算，应按《混凝土结构设计规范》GB 50010—2010中斜截面承载力计算的方法计算；当考虑地震组合的框架梁，其斜截面受剪承载力应符合：

$$V_b \leqslant \frac{1}{\gamma_{RE}} \left(0.6 \alpha_{cv} f_t b h_0 + f_{yv} \frac{A_{sv}}{s} h_0 \right) \tag{5-7}$$

式中 α_{cv}——斜截面混凝土受剪承载力系数，对于一般受弯构件取0.7；对集中荷载作用下（包括作用有多种荷载，其中集中荷载对支座截面或节点边缘所产生的剪力值占总剪力的75%以上的情况）的独立梁，取 α_{cv} 为 $1.75/(\lambda+1)$，λ 为计算截面的剪跨比，可取 λ 等于 a/h_0，当 λ 小于1.5时，取1.5，当 λ 大于3时，取3，a 取集中荷载作用点至支座截面或节点边缘的距离。

2. 框架柱截面设计

框架柱在压（拉）力、弯矩、剪力的共同作用，纵筋按正截面抗弯承载力设计，箍筋按斜截面抗剪承载力进行设计，此外为了柱具有一定的延性，要控制柱的轴压比。

为了满足和提高框架结构"强柱弱梁"程度，在抗震设计中采用增大柱端弯矩设计值的方法，抗震等级一、二、三、四级框架的梁柱节点处，除框架顶层和柱轴压比小于0.15者及框支梁与框支柱的节点外，柱端组合的弯矩设计值应符合式（5-8）要求：

$$\sum M_c = \eta_c \sum M_b \tag{5-8}$$

一级框架结构及9度时尚应符合：

$$\sum M_c = 1.2 \sum M_{bua} \tag{5-9}$$

式中 $\sum M_c$——节点上下柱端截面顺时针或反时针方向组合的弯矩设计值之和，上下柱端的弯矩设计值可按弹性分析分层进行分配；

$\sum M_b$——节点左右梁端截面反时针或顺时针方向组合的弯矩设计值之和，一级框架节点左 右梁端均为负弯矩时，绝对值较小的弯矩应取零；

$\sum M_{bua}$——节点左右梁端截面反时针或顺时针方向实配的正截面抗震受弯承载力所对应的弯矩值之和，可根据实配钢筋面积（计入受压筋）和材料强度标准值确定；

η_c——柱端弯矩增大系数；对于框架结构，抗震等级一级取1.7，二级取1.5，三级取1.3，四级取1.2；其他结构类型的框架，一级取1.4，二级取

1.2，三、四级取 1.1。

当反弯点不在柱的层高范围内时，柱端截面组合的弯矩设计值可乘以上述柱端弯矩增大系数。

为了避免框架结构底层柱下端过早屈服，影响整个结构的变形能力，抗震等级一、二、三、四级框架结构的底层，柱下端截面组合的弯矩设计值，应分别乘以增大系数 1.7、1.5、1.3 和 1.2。底层柱纵向钢筋宜按上下端的不利情况配置。这里的底层指无地下室的基础以上或地下室以上的首层。

抗震设计时，框架柱的剪力设计值要适当提高，抗震等级一、二、三、四级的框架柱和框支柱组合的剪力设计值应按式 (5-10) 调整：

$$V = \eta_{Vc}(M_c^t + M_c^b)/H_n \tag{5-10}$$

一级框架结构及 9 度时应符合：

$$V = 1.2(M_{cua}^t + M_{cua}^b)/H_n \tag{5-11}$$

式中 V——为柱端截面组合的剪力设计值；

  H_n——柱的净高；

  M_c^t、M_c^b——分别为柱的上下端顺时针或反时针方向截面调整后的组合弯矩设计值；

M_{cua}^t、M_{cua}^b——分别为偏心受压柱的上下端顺时针或反时针方向实配的正截面抗震受弯承载力所对应的弯矩值，根据实配钢筋面积、材料强度标准值和轴压力等确定；

  η_{Vc}——柱剪力增大系数，对框架结构，抗震等级为一级取 1.5，二级取 1.3，三级取 1.2，四级取 1.1。

抗震等级一、二、三、四级框架的角柱，经调整后的组合弯矩设计值、剪力设计值还应乘以不小于 1.10 的增大系数。

5.2 例 题 设 计

经查《建筑抗震设计规范》GB 50011—2010 知本设计例题框架的抗震等级是二级，所以在计算地震作用下梁、柱的配筋时需要对梁、柱内力进行调整。

为了增大梁"强剪弱弯"的程度，抗震设计中，一、二、三级的框架梁，其梁端截面组合的剪力设计值应按式 (5-12) 调整：

$$V = \eta_{Vb}(M_b^l + M_b^r)/l_n + V_{Gb} \tag{5-12}$$

弯矩组合设计值：

$$M_b = \gamma_G M_{bG} \pm \gamma_{Eh} M_{bE} \tag{5-13}$$

(1) 例如二层横梁 AB 左右端剪力 $V_左$、$V_右$ 计算如下：

梁左端 $\begin{cases} -M_b^l = 1.2 \times (-27.77 - 6.90) + 1.30 \times (-102.74) = -175.17 \text{kN} \cdot \text{m} \\ +M_b^l = 1.2 \times (-27.77 - 6.90) + 1.30 \times 102.74 = 91.96 \text{kN} \cdot \text{m} \end{cases}$

梁右端 $\begin{cases} -M_b^r = 1.2 \times (36.54 + 9.36) + 1.3 \times (-68.65) = -34.17 \text{kN} \cdot \text{m} \\ +M_b^r = 1.2 \times (36.54 + 9.36) + 1.3 \times 68.65 = 144.33 \text{kN} \cdot \text{m} \end{cases}$

取梁端顺时针或逆时针方向弯矩组合的绝对值大者计算梁端剪力。

$$+M_b = 91.96 + 144.33 = 236.29 \text{kN} \cdot \text{m}$$

$$-M_b = -175.17 - 34.17 = -209.34 \text{kN} \cdot \text{m}$$

表 5-1

横向框架梁 AB、BC 跨正截面受弯承载力计算

层	混凝土强度等级	$b \times h (\text{mm}^2)$	截面位置	组合内力		柱边截面弯矩 $(\text{kN}\cdot\text{m})$	h_0 (mm)	$\alpha_s = \dfrac{M}{\alpha_1 f_c b h_0^2}$	ξ	$A_s = \xi b h_0 \cdot \dfrac{\alpha_1 f_c}{f_y}$ (mm^2)	实际选用 (mm^2)	备注
				M $(\text{kN}\cdot\text{m})$	V (kN)							
顶层	C30	250×600	A4 支座	−42.39	68.00	−28.79	560	0.026	0.026	145	2Φ14, A_s=308	$\xi \leqslant 0.35$
			跨中	94.96		94.96	560	0.011	0.011	474	4Φ14, A_s=615	$\xi \leqslant 0.35$
			B4 支座左	−60.93	−81.58	−44.61	560	0.040	0.041	226	2Φ14, A_s=308	$\xi \leqslant 0.35$
		250×400	B4 支座右	−27.10	13.84	−24.33	360	0.053	0.054	193	2Φ14, A_s=308	$\xi \leqslant 0.35$
			跨中	−17.68		−17.68	360	0.038	0.039	139	2Φ14, A_s=308	$\xi \leqslant 0.35$
			C4 支座左	−27.10	−13.84	−24.33	360	0.053	0.054	193	2Φ14, A_s=308	$\xi \leqslant 0.35$
四层	C30	250×600	A3 支座	−69.97	81.93	−53.58	560	0.048	0.049	272	2Φ16, A_s=402	$\xi \leqslant 0.35$
			跨中	88.36		88.36	560	0.010	0.010	440	3Φ16, A_s=603	$\xi \leqslant 0.35$
			B3 支座左	−79.95	−86.52	−62.65	560	0.056	0.058	320	2Φ16, A_s=402	$\xi \leqslant 0.35$
		250×400	B3 支座右	−25.27	24.87	−20.30	360	0.044	0.045	160	2Φ14, A_s=308	$\xi \leqslant 0.35$
			跨中	−11.80		−11.80	360	0.025	0.026	92	2Φ14, A_s=308	$\xi \leqslant 0.35$
			C3 支座左	−25.27	−28.47	−19.58	360	0.042	0.043	154	2Φ14, A_s=308	$\xi \leqslant 0.35$
二层	C30	250×600	A1 支座	−84.12	80.44	−68.03	560	0.061	0.063	348	3Φ14, A_s=461	$\xi \leqslant 0.35$
			跨中	97.49		97.49	560	0.011	0.011	486	4Φ14, A_s=615	$\xi \leqslant 0.35$
			B1 支座左	−87.04	−86.68	−69.70	560	0.062	0.064	357	3Φ14, A_s=461	$\xi \leqslant 0.35$
		250×400	B1 支座右	−39.66	29.68	−33.72	360	0.073	0.076	270	3Φ14, A_s=461	$\xi \leqslant 0.35$
			跨中	−15.33		−15.33	360	0.033	0.034	120	3Φ14, A_s=461	$\xi \leqslant 0.35$
			C1 支座左	−39.66	−29.68	−33.72	360	0.073	0.076	270	3Φ14, A_s=461	$\xi \leqslant 0.35$

注：框架梁正截面受弯承载力计算时，负弯矩处按矩形截面计算，正弯矩处按 T 形截面计算。

表 5-2

横向框架梁 AB、BC 跨正截面抗震验算

层	混凝土强度等级	$b \times h$ (mm²)	截面位置	组合内力		柱边截面弯矩 (kN·m)	γ_{RE}	h_0 (mm)	$\alpha_s = \dfrac{\gamma_{RE} \cdot M}{\alpha_1 f_c b h_0^2}$	ξ	$A_s = \xi b h_0 \cdot \dfrac{\alpha_1 f_c}{f_y}$ (mm²)	实际选用 (mm²)	备注
				M (kN·m)	V (kN)								
顶层	C30	250×600	A4 支座	−64.08	72.16	−49.65	0.75	560	0.033	0.034	188	2Φ14，A_s=308	安全
			跨中	85.41		85.41	0.75	560	0.007	0.007		4Φ14，A_s=615	安全
			B4 支座左	−72.36	−78.66	−56.63	0.75	560	0.038	0.039		2Φ14，A_s=308	安全
		250×400	B4 支座右	−37.77	24.25	−32.92	0.75	360	0.053	0.055	196	2Φ14，A_s=308	安全
			跨中	−14.23		−14.23	0.75	360	0.023	0.023		2Φ14，A_s=308	安全
			C4 支座左	−37.77	−24.25	−32.92	0.75	360	0.053	0.055	196	2Φ14，A_s=308	安全
四层	C30	250×600	A3 支座	−115.06	81.61	−98.74	0.75	560	0.066	0.068	380	3Φ16，A_s=603	安全
			跨中	75.35		75.35	0.75	560	0.006	0.006		2Φ16，A_s=402	安全
			B3 支座左	−104.58	−85.01	−87.58	0.75	560	0.059	0.060	336	3Φ16，A_s=603	安全
		250×400	B3 支座右	−49.17	40.77	−41.02	0.75	360	0.066	0.069	246	3Φ16，A_s=603	安全
			跨中	−5.96		−5.96	0.75	360	0.010	0.010		2Φ16，A_s=402	安全
			C3 支座左	−49.17	−40.77	−41.02	0.75	360	0.066	0.069	246	3Φ16，A_s=603	安全
二层	C30	250×600	A1 支座	−175.17	99.37	−155.30	0.75	560	0.104	0.110	611	4Φ16，A_s=804	安全
			跨中	93.41		93.41	0.75	560	0.008	0.008		2Φ16，A_s=402	安全
			B1 支座左	−144.33	−126.31	−119.07	0.75	560	0.080	0.083	462	4Φ16，A_s=804	安全
		250×400	B1 支座右	−84.23	67.50	−70.73	0.75	360	0.114	0.122	436	4Φ16，A_s=804	安全
			跨中	−8.94		−8.94	0.75	360	0.014	0.015		2Φ16，A_s=402	安全
			C1 支座左	−84.23	−67.50	−70.73	0.75	360	0.114	0.122	436	4Φ16，A_s=804	安全

注：正截面抗震验算时，负弯矩处按矩形截面计算，正弯矩处按 T 形截面计算。梁内纵筋由抗震计算，表中空格处表示按抗震计算的配筋小于按抗弯承载力计算的配筋，取抗弯承载力的配筋。

横向框架梁 AB、BC 跨斜截面受剪承载力计算

表 5-3

层	混凝土强度等级	$b \times h$ (mm²)	斜截面位置	组合内力 V(kN)	h_0	$0.25\beta_c f_c bh_0$ (kN)	$0.7f_t bh_0$ (kN)	选用箍筋 (双肢)	$V_{cs}=0.7f_t bh_0+1.0f_{yw}\dfrac{A_{sv}}{S}h_0$ (kN)	备注
顶层	C30	250×600	A4 支座	68.00	560	500.50	140.14	Φ8@100	292.85	安全
		250×600	B4 支座左	−81.58	560	500.50	140.14	Φ8@100	292.85	安全
		250×400	B4 支座右	13.84	360	321.75	90.09	Φ8@100	188.26	安全
		250×400	C4 支座左	−13.84	360	321.75	90.09	Φ8@100	188.26	安全
四层	C30	250×600	A3 支座	81.93	560	500.50	140.14	Φ8@100	292.85	安全
		250×600	B3 支座左	−86.52	560	500.50	140.14	Φ8@100	292.85	安全
		250×400	B3 支座右	24.87	360	321.75	90.09	Φ8@100	188.26	安全
		250×400	C3 支座左	−28.47	360	321.75	90.09	Φ8@100	188.26	安全
二层	C30	250×600	A1 支座	80.44	560	500.50	140.14	Φ8@100	292.85	安全
		250×600	B1 支座左	−86.68	560	500.50	140.14	Φ8@100	292.85	安全
		250×400	B1 支座右	29.68	360	321.75	90.09	Φ8@100	188.26	安全
		250×400	C1 支座左	−29.68	360	321.75	90.09	Φ8@100	188.26	安全

注：剪力应取柱边处梁截面剪力，此处近似取柱轴线处剪力。

表 5-4

横向框架梁 AB、BC 跨斜截面受剪抗震验算

层	混凝土强度等级	$b \times h$ (mm²)	斜截面位置	V_{Gb} (kN)	$M_b^l + M_m^r$ (kN·m)	组合内 V(kN)	h_0	$\dfrac{0.2\beta_c f_c bh_0}{\gamma_{RE}}$ (kN)	$\dfrac{0.42 f_t bh_0}{\gamma_{RE}}$ (kN)	选用箍筋 (双肢)	$V_{cs} = \dfrac{1}{\gamma_{RE}}\left(0.42 f_t bh_0 + 1.0 f_{yv}\dfrac{A_{sv}}{S}h_0\right)$ (kN)	备注
顶层	C30	250×600	A4 支座	64.00	66.50	77.30	560	533.87	112.11	Φ8@100	333.87	$\rho_{SV} > \rho_{min}$
			B4 支座左	70.50	66.50	83.80	560	533.87	112.11	Φ8@100	333.87	$\rho_{SV} > \rho_{min}$
		250×400	B4 支座右	11.99	29.43	17.87	360	343.20	72.07	Φ8@100	214.63	$\rho_{SV} > \rho_{min}$
			C4 支座左	11.99	29.43	17.87	360	343.20	72.07	Φ8@100	214.63	$\rho_{SV} > \rho_{min}$
四层	C30	250×600	A3 支座	63.02	120.68	87.16	560	533.87	112.11	Φ8@100	333.87	$\rho_{SV} > \rho_{min}$
			B3 支座左	66.42	120.68	90.56	560	533.87	112.11	Φ8@100	333.87	$\rho_{SV} > \rho_{min}$
		250×400	B3 支座右	12.41	68.07	26.02	360	343.20	72.07	Φ8@100	214.63	$\rho_{SV} > \rho_{min}$
			C3 支座左	12.41	68.07	26.02	360	343.20	72.07	Φ8@100	214.63	$\rho_{SV} > \rho_{min}$
二层	C30	250×600	A1 支座	62.23	236.29	109.49	560	533.87	112.11	Φ8@100	333.87	$\rho_{SV} > \rho_{min}$
			B1 支座左	67.81	236.29	115.07	560	533.87	112.11	Φ8@100	333.87	$\rho_{SV} > \rho_{min}$
		250×400	B1 支座右	12.41	132.24	38.86	360	343.20	72.07	Φ8@100	214.63	$\rho_{SV} > \rho_{min}$
			C1 支座左	12.41	132.24	38.86	360	343.20	72.07	Φ8@100	214.63	$\rho_{SV} > \rho_{min}$

注：剪力应取柱边处梁截面剪力，此处近似取柱轴线处剪力。

$$\therefore V = \eta_{vb左}(M_b^l + M_b^r)/l_n + V_{Gb} = 1.2 \times 236.29/6 + 1.2 \times (41.76 + 10.10)$$
$$= 47.26 + 62.23 = 109.49 \text{kN}$$
$$V = \eta_{vb右}(M_b^l + M_b^r)/l_n + V_{Gb} = 1.2 \times 236.29/6 + 1.2 \times (45.50 + 11.01)$$
$$= 47.26 + 67.81 = 115.07 \text{kN}$$

l_n 为净跨，此处近似按计算跨度计算。其余梁端剪力计算过程略，具体计算结果见表 5-1～表 5-4。

由于该框架满足 $D_i \geqslant 20 \sum\limits_{j=i}^{n} G_j/h_i$，弹性计算分析时可以不考虑重力二阶效应的不利影响，具体计算过程见表 5-5。

判断是否考虑重力二阶效应 表 5-5

层次	h_i(m)	D_i(kN/m)	G_i(kN)	$\sum G_i$(kN)	$20\sum G_j/h_i$	$D_i \geqslant 20\sum G_j/h_i$
4	3.6	396260	6198.0	6198.0	34433	满足
3	3.6	396260	7027.8	13225.8	73477	满足
2	3.6	396260	7027.8	20253.6	112520	满足
1	5.2	171960	7588.7	27842.3	107086	满足

（2）对于考虑附加弯矩影响的增大系数的柱子，例如表 5-7 中底层 A 柱，计算过程如下：
已知 $M_2 = 19.74 \text{kN/m}$　$N = 632.86 \text{kN}$

$$\zeta_c = 0.5 f_c A/N = 0.5 \times 14.3 \times 400 \times 400/(632.86 \times 1000) = 1.81 大于1,取1$$

$$C_m = 0.7 + 0.3 \frac{M_1}{M_2} = 0.7 + 0.3 \times (-0.33) = 0.60 \quad 小于0.7,取0.7$$

$$\eta_{ns} = 1 + \frac{1}{1300(M_2/N + e_a)/h_0}\left(\frac{l_0}{h}\right)^2 \zeta_c$$
$$= 1 + \frac{1}{1300 \times (19.74 \times 1000/632.86 + 20) \times 1360} \times 13^2 \times 1$$
$$= 1.91$$

$C_m \times \eta_{ns} = 0.7 \times 1.91 = 1.34 > 1$ 需要考虑增大系数，其余需要考虑增大系数的计算过程略。

为了满足和提高框架结构"强柱弱梁"程度，在抗震设计中采用增大柱端弯矩设计值的方法，一、二、三级框架的梁柱节点处，除框架顶层和柱轴压比小于 0.15 者及框支梁与框支柱的节点外，柱端组合的弯矩设计值应符合式（5-14）要求。

$$\sum M_c = \eta_c \sum M_b \tag{5-14}$$

（3）例如表 5-11 中二层 A 柱下端和底层 A 柱上端弯矩，计算过程如下：
考虑地震组合时二层横梁 AB 左端弯矩最大值为 175.17kN·m（表 4-5 中）
$$\sum M_c = \eta_c \sum M_b = 1.5 \times 175.17 = 262.76 \text{kN·m}$$

上下柱端的弯矩设计值按柱线刚度分配，二层 A 柱下端弯矩：
$$M_c = \frac{0.526}{0.526 + 0.364} \times 262.76 = 155.29 \text{kN·m}$$

底层 A 柱上端弯矩：
$$M_c = \frac{0.364}{0.526 + 0.364} \times 262.72 = 107.47 \text{kN·m}$$

（4）例如表 5-11 中顶层 A 柱下端和标准层 A 柱上端弯矩，计算过程如下（表 5-6～表 5-8）：

框架柱正截面压弯承载力计算（|M_max|）（无地震作用组合）　表 5-6

柱类别	层	混凝土强度等级	b×h (mm²)	l₀ (m)	l₀/h	l₀/i	柱截面	组合内力 M (kN·m)	组合内力 N (kN)	M₁	M₂	N	判断是否考虑附加弯矩 M₁/M₂	34-12M₁/M₂	判断	C_m·η_ns
A柱	顶层	C30	400×400	3.60	9.00	31.18	上端	41.05	140.66	37.10	41.05	140.66	-0.90	44.85	不考虑	
							下端	37.10	161.26							
	二层	C30	400×400	3.60	9.00	31.18	上端	42.59	479.66	42.59	45.41	496.94	-0.94	45.25	不考虑	
							下端	45.41	496.94							
	底层	C30	400×400	5.20	13.00	45.03	上端	39.10	653.20	36.07	39.10	653.20	-0.92	45.07	不考虑	
							下端	36.07	678.16							
B柱	顶层	C30	400×400	3.60	9.00	31.18	上端	-35.84	159.60	-31.30	-35.84	159.60	-0.87	44.48	不考虑	
							下端	-31.30	182.80							
	二层	C30	400×400	3.60	9.00	31.18	上端	-40.54	619.64	-40.54	-42.39	636.92	-0.96	45.48	不考虑	
							下端	-42.39	636.92							
	底层	C30	400×400	5.20	13.00	45.03	上端	-38.51	848.56	-37.67	-38.51	848.56	-0.98	45.74	不考虑	
							下端	-37.67	873.52							

柱类别	层	M	e₀ (mm)	eₐ (mm)	eᵢ (mm)	e (mm)	eᵢ-0.3h₀	N-N_b (kN)	判断破坏类型	小偏压 ξ	小偏压 A_s=A'_s (mm²)	大偏压 ξ	大偏压 x-2a'	A_s=A'_s (mm) (x<2a')	A_s=A'_s (mm) (x>2a')	选用钢筋 (mm²)	备注
A柱	顶层	41.05	291.84	20.00	311.84	471.84	203.84	-926.01	大偏压			0.07	-55.41	185		2Φ18，A_s=A'_s=509	ρ>0.2%
	二层	45.41	91.38	20.00	111.38	271.38	3.38	-569.73	大偏压			0.24	6.88		<0	2Φ18，A_s=A'_s=509	ρ>0.2%
	底层	39.10	59.86	20.00	79.86	239.86	-28.14	-413.47	小偏压		480					2Φ18，A_s=A'_s=509	ρ>0.2%
B柱	顶层	35.84	224.56	20.00	244.56	404.56	136.56	-907.07	大偏压			0.08	-52.10	117		2Φ18，A_s=A'_s=509	ρ>0.2%
	二层	42.39	66.55	20.00	86.55	246.55	-21.45	-429.75	小偏压		480					2Φ18，A_s=A'_s=509	ρ>0.2%
	底层	38.51	45.38	20.00	65.38	225.38	-42.62	-218.11	小偏压		480					2Φ18，A_s=A'_s=509	ρ>0.2%

框架柱正截面压弯承载力计算（N_{min}）（无地震作用组合）　　　　表 5-7

柱类别	层	混凝土强度等级	M	e_0(mm)	e_a(mm)	e_i(mm)	l_0(m)	l_0/h	l_0/i	$b \times h$(mm²)	柱截面	组合内力 M(kN·m)	组合内力 N(kN)	M_1	M_2	N	M_1/M_2	$34-12M_1/M_2$	判断	$C_m\eta_{ns}$
A柱	顶层	C30	30.36	220.54	20.00	240.54	3.60	9.00	31.18	400×400	上端	30.36	137.66	27.22	30.36	137.66	-0.90	44.76	不考虑	
											下端	27.22	154.94							
	二层	C30	16.54	35.02	20.00	55.02	3.60	9.00	31.18	400×400	上端	13.73	455.08	13.73	16.54	472.36	-0.83	43.96	不考虑	
											下端	16.54	472.36							
	底层	C30	26.45	41.79	20.00	61.79	5.20	13.00	45.03	400×400	上端	-6.57	607.90	-6.57	-19.74	632.86	-0.33	37.99	考虑	1.34
											下端	-19.74	632.86							
B柱	顶层	C30	35.84	224.56	20.00	244.56	3.60	9.00	31.18	400×400	上端	-35.84	159.60	-30.48	-35.84	159.60	-0.85	44.21	不考虑	
											下端	-30.48	176.85							
	二层	C30	42.39	66.55	20.00	86.55	3.60	9.00	31.18	400×400	上端	-40.54	619.64	-40.54	-42.39	636.92	-0.96	45.48	不考虑	
											下端	-42.39	636.92							
	底层	C30	38.51	45.38	20.00	65.38	5.20	13.00	45.03	400×400	上端	-38.51	848.56	-37.67	-38.51	848.56	-0.98	45.74	不考虑	
											下端	-37.67	873.52							

柱类别	层	$e_i-0.3h_0$(mm)	$N-N_b$(kN)	判断破坏类型	小偏压 ξ	小偏压 $A_s=A'_s$(mm)	大偏压 ξ	大偏压 $x-2a'$	大偏压 $A_s=A'_s$(mm)($x<2a'$)	大偏压 $A_s=A'_s$(mm)($x>2a'$)	选用钢筋(mm²)	备注
A柱	顶层	132.54	-929.01	大偏压			0.07	-55.93	96		同表5-5	$\rho>0.2\%$
	二层	-52.98	-594.31	小偏压		480					同表5-5	$\rho>0.2\%$
	底层	-46.21	-433.81	小偏压		480					同表5-5	$\rho>0.2\%$
B柱	顶层	136.56	-907.07	大偏压			0.08	-52.10	117		同表5-5	$\rho>0.2\%$
	二层	-21.45	-429.75	小偏压		480					同表5-5	$\rho>0.2\%$
	底层	-42.62	-218.11	小偏压		480					同表5-5	$\rho>0.2\%$

表 5-8

框架柱正截面压弯承载力计算（N_max）（无地震作用组合）

柱类别	层	混凝土强度等级	$b \times h$ (mm²)	l_0 (m)	l_0/h	l_0/i	柱截面	组合内力 M (kN·m)	组合内力 N (kN)	M	M_1	M_2	N	M_1/M_2	$34-12M_1/M_2$	判断	$C_m\eta_{ns}$
A柱	顶层	C30	400×400	3.60	9.00	31.18	上端	39.56	155.41	39.56	34.18	39.56	155.41	-0.86	44.37	不考虑	
							下端	34.18	174.85	34.18							
	二层	C30	400×400	3.60	9.00	31.18	上端	30.62	516.57	30.62	30.62	33.67	536.01	-0.91	44.91	不考虑	
							下端	33.67	536.01	33.67							
	底层	C30	400×400	5.20	13.00	45.03	上端	17.60	696.12	17.60	8.83	17.60	696.12	-0.50	40.02	考虑	1.42
							下端	8.83	724.20	8.83							
B柱	顶层	C30	400×400	3.60	9.00	31.18	上端	-32.62	178.77	-32.62	-27.59	-32.62	178.77	-0.85	44.15	不考虑	
							下端	-27.59	198.18	-27.59							
	二层	C30	400×400	3.60	9.00	31.18	上端	-24.75	689.79	-24.75	-24.75	-26.76	709.23	-0.92	45.10	不考虑	
							下端	-26.76	709.23	-26.76							
	底层	C30	400×400	5.20	13.00	45.03	上端	-14.05	946.39	-14.05	-7.01	-14.05	946.39	-0.50	39.99	考虑	1.64
							下端	-7.01	974.47	-7.01							

柱类别	层	M	e_0 (mm)	e_a (mm)	e_i (mm)	e (mm)	$e_i-0.3l_0$	$N-N_b$ (kN)	判断破坏类型	小偏压 ζ	小偏压 $A_s=A_s'$ (mm)	大偏压 ζ	大偏压 $x-2a'$	大偏压 $A_s=A_s'$ (mm) ($x<2a'$)	大偏压 $A_s=A_s'$ (mm) ($x>2a'$)	选用钢筋 (mm²)	备注
A柱	顶层	39.56	254.55	20.00	274.55	434.55	166.55	-911.26	大偏压			0.08	-52.83	155		同表5-5	$\rho>0.2\%$
	二层	33.67	62.82	20.00	82.82	242.82	-25.18	-530.66	小偏压		480					同表5-5	$\rho>0.2\%$
	底层	24.99	35.90	20.00	55.90	215.90	-52.10	-370.55	小偏压		480					同表5-5	$\rho>0.2\%$
B柱	顶层	32.62	182.47	20.00	202.47	362.47	94.47	-887.90	大偏压			0.09	-48.75	66		同表5-5	$\rho>0.2\%$
	二层	26.76	37.73	20.00	57.73	217.73	-50.27	-357.44	小偏压		480					同表5-5	$\rho>0.2\%$
	底层	23.04	24.35	20.00	44.35	204.35	-63.65	-120.28	小偏压		480					同表5-5	$\rho>0.2\%$

表 5-9

框架柱正截面压弯承载力计算（|M_{max}|）（有地震作用组合）

柱类别	层	混凝土强度等级	$b \times h$ (mm²)	组合内力 M(kN·m)	组合内力 N(kN)	柱截面	l_0 (m)	l_0/h	l_0/i	轴压比	γ_{RE}	M_1	M_2	N	M_1/M_2	34-12 M_1/M_2	判断
A柱	顶层	C30	400×400	96.12	143.33	上端	3.60	9.00	31.18	0.06	0.75	86.30	96.12	143.33	-0.90	44.77	不考虑
				86.30	160.61	下端				0.07							
	二层	C30	400×400	106.36	492.07	上端	3.60	9.00	31.18	0.22	0.80	106.36	155.29	509.35	-0.68	42.22	不考虑
				155.29	509.35	下端				0.22							
	底层	C30	400×400	107.47	679.92	上端	5.20	13.00	45.03	0.30	0.80	107.47	156.75	704.88	-0.69	42.23	考虑
				156.75	704.88	下端				0.31							
B柱	顶层	C30	400×400	-96.03	150.59	上端	3.60	9.00	31.18	0.07	0.75	-92.61	-96.03	150.59	-0.96	45.57	不考虑
				-92.61	167.84	下端				0.07							
	二层	C30	400×400	-120.17	551.31	上端	3.60	9.00	31.18	0.24	0.80	-120.17	-170.51	568.59	-0.70	42.46	不考虑
				-170.51	568.59	下端				0.25							
	底层	C30	400×400	-118.00	746.93	上端	5.20	13.00	45.03	0.33	0.80	-118.00	-171.71	771.89	-0.69	42.25	考虑
				-171.7	771.89	下端				0.34							

柱类别	层	$C_m \eta_{ns}$	M	e_0 (mm)	e_a (mm)	e_i (mm)	e (mm)	$e_i - 0.3h_0$	$N-N_b$ (kN)	判断破坏类型	小偏压 ξ	小偏压 $A_s=A'_s$ (mm)	大偏压 ξ	大偏压 $x-2a'$	大偏压 $A_s=A'_s$ (mm) $(x<2a')$	大偏压 $A_s=A'_s$ (mm) $(x>2a')$	选用钢筋 (mm²)	备注
A柱	顶层		96.12	670.62	20	690.62	850.62	582.62	-923.34	大偏压			0.05	-61.21	495		3Φ20 $A_s=A'_s=942$	$\rho>0.2\%$
	二层	1.00	155.29	304.88	20	324.88	484.88	216.88	-557.32	大偏压			0.20	-8.76	583		3Φ20 $A_s=A'_s=942$	$\rho>0.2\%$
	底层		156.75	222.38	20	242.38	402.38	134.38	-361.79	大偏压			0.27	18.58		449	3Φ20 $A_s=A'_s=942$	$\rho>0.2\%$
B柱	顶层		96.03	637.69	20	657.69	817.69	549.69	-916.08	大偏压			0.05	-60.25	488		3Φ20 $A_s=A'_s=942$	$\rho>0.2\%$
	二层	1.00	170.51	299.88	20	319.88	479.88	211.88	-498.08	大偏压			0.22	-0.48	631		3Φ20 $A_s=A'_s=942$	$\rho>0.2\%$
	底层		171.71	222.45	20	242.45	402.45	134.45	-294.78	大偏压			0.30	27.96		517	3Φ20 $A_s=A'_s=942$	$\rho>0.2\%$

表 5-10

框架柱正截面压弯承载力计算（|M_max|）（有地震作用组合）

柱类别	层	混凝土强度等级	$b \times h$ (mm²)	l_0 (m)	l_0/h	l_0/i	柱截面	组合内力 M(kN·m)	N(kN)	轴压比	γ_{RE}	M_1	M_2	N	M_1/M_2	34-12 M_1/M_2	判断
A柱	顶层	C30	400×400	3.60	9.00	31.18	上端	96.12	127.00	0.06	0.75	86.30	96.12	127.00	−0.90	44.77	不考虑
							下端	86.30	144.28	0.06							
	二层	C30	400×400	3.60	9.00	31.18	上端	106.36	384.72	0.17	0.80	106.36	155.29	402.00	−0.68	42.22	不考虑
							下端	155.29	402.00	0.18							
	底层	C30	400×400	5.20	13.00	45.03	上端	107.47	498.29	0.22	0.80	107.47	−136.38	523.25	0.79	24.54	考虑
							下端	−136.38	523.25	0.23							
B柱	顶层	C30	400×400	3.60	9.00	31.18	上端	−96.03	150.59	0.07	0.75	−92.61	−96.03	150.59	−0.96	45.57	不考虑
							下端	−92.61	167.84	0.07							
	二层	C30	400×400	3.60	9.00	31.18	上端	−120.17	551.31	0.24	0.80	−120.17	−170.51	568.59	−0.70	42.46	不考虑
							下端	−170.51	568.59	0.25							
	底层	C30	400×400	5.20	13.00	45.03	上端	−118.00	746.93	0.33	0.80	−118.00	−171.71	771.89	−0.69	42.25	考虑
							下端	−171.71	771.89	0.34							

柱类别	层	$C_m \eta_{ns}$	M	e_0(mm)	e_a(mm)	e_i(mm)	l_0/h	l_0/i	e(mm)	$e_i - 0.3h_0$	$N-N_b$(kN)	判断破坏类型	小偏压 ξ	小偏压 $A_s=A'_s$(mm)	大偏压 ξ	大偏压 $x-2a'$	$A_s=A'_s$(x<2a')(mm)	$A_s=A'_s$(x>2a')(mm)	N	选用钢筋(mm²)	备注
A柱	顶层		96.12	756.85	20.00	776.85	9.00	31.18	936.85	668.85	−939.67	大偏压			0.05	−63.35	510			同5-9	$\rho > 0.2\%$
	二层		155.29	386.29	20.00	406.29	9.00	31.18	566.29	298.29	−664.67	大偏压			0.16	−23.78	688			同5-9	$\rho > 0.2\%$
	底层	1.09	148.66	284.11	20.00	304.11	13.00	45.03	464.11	196.11	−543.42	大偏压			0.20	−6.82	524			同5-9	$\rho > 0.2\%$
B柱	顶层		96.03	637.69	20.00	657.69	9.00	31.18	817.69	549.69	−916.08	大偏压			0.05	−60.25	488			同5-9	$\rho > 0.2\%$
	二层		170.51	299.88	20.00	319.88	9.00	31.18	479.88	211.88	−498.08	大偏压			0.22	−0.48	631			同5-9	$\rho > 0.2\%$
	底层	1.00	171.71	222.45	20.00	242.45	13.00	45.03	402.45	134.45	−294.78	大偏压			0.30	27.96			517	同5-9	$\rho > 0.2\%$

框架柱正截面压弯承载力计算（|M_max|）（有地震作用组合）

表 5-11

柱类别	层	混凝土强度等级	$b \times h$ (mm²)	l_0 (m)	l_0/h	l_0/i	柱截面	组合内力 M(kN·m)	组合内力 N(kN)	轴压比	γ_{RE}	M_1	M_2	N	34-12	M_1/M_2	判断
A柱	顶层	C30	400×400	3.60	9.00	31.18	上端	96.12	143.33	0.06	0.75	86.30	96.12	143.33	44.77	−0.90	不考虑
							下端	86.30	160.61	0.07							
	二层	C30	400×400	3.60	9.00	31.18	上端	106.36	492.07	0.22	0.80	106.36	155.29	509.35	42.22	−0.68	不考虑
							下端	155.29	509.35	0.22							
	底层	C30	400×400	5.20	13.00	45.03	上端	107.47	679.92	0.30	0.80	107.47	156.75	704.88	42.23	−0.69	考虑
							下端	156.75	704.88	0.31							
B柱	顶层	C30	400×400	3.60	9.00	31.18	上端	−96.03	158.78	0.07	0.75	−92.61	−96.03	158.78	45.57	−0.96	不考虑
							下端	−92.61	176.03	0.08							
	二层	C30	400×400	3.60	9.00	31.18	上端	−120.17	608.69	0.27	0.80	−120.17	−170.51	625.97	42.46	−0.70	不考虑
							下端	−170.51	625.97	0.27							
	底层	C30	400×400	5.20	13.00	45.03	上端	−118.00	840.22	0.37	0.80	−118.00	155.82	865.18	24.91	0.76	考虑
							下端	155.82	865.18	0.38							

柱类别	层	$C_m \eta_{ns}$	M	e_0(mm)	e_a(mm)	e_i(mm)	e(mm)	$e_i-0.3h_0$	$N-N_b$ (kN)	判断破坏类型	小偏压 ξ	小偏压 $A_s=A_s'$(mm)	大偏压 ξ	大偏压 $x-2a'$	大偏压 $A_s=A_s'$(mm) $(x<2a')$	大偏压 $A_s=A_s'$(mm) $(x>2a')$	选用钢筋 (mm²)	备注
A柱	顶层		96.12	670.62	20.00	690.62	850.62	582.62	−923.34	大偏压			0.05	−61.21	495		同5-9	$\rho>0.2\%$
	二层	1.00	155.29	304.88	20.00	324.88	484.88	216.88	−557.32	大偏压			0.20	−8.76	583		同5-9	$\rho>0.2\%$
	底层		156.75	222.38	20.00	242.38	402.38	134.38	−361.79	大偏压			0.27	18.58		149	同5-9	$\rho>0.2\%$
B柱	顶层		96.03	604.80	20.00	624.80	784.80	516.80	−907.89	大偏压			0.06	−59.18	480		同5-9	$\rho>0.2\%$
	二层	1.14	170.51	272.39	20.00	292.39	452.39	184.39	−440.70	大偏压			0.24	7.55		592	同5-9	$\rho>0.2\%$
	底层		177.63	205.31	20.00	225.31	385.31	117.31	−201.49	大偏压			0.34	41.00		516	同5-9	$\rho>0.2\%$

考虑地震组合时四层横梁 AB 左端弯矩最大值为 115.06kN·m（表 4-5 中）

$$\sum M_c = \eta_c M_c = 1.5 \times 115.06 = 172.59 \text{kN} \cdot \text{m}$$

上下柱端的弯矩设计值按柱线刚度分配，顶层 A 柱下端弯矩：

$$M_c = \frac{0.526}{0.526 + 0.526} \times 172.59 = 86.03 \text{kN} \cdot \text{m}$$

考虑地震组合时三层横梁 4-6 左端弯矩最大值为 141.81kN·m（表 4-5 中）

$$\sum M_c = \eta_c M_c = 1.5 \times 141.81 = 212.715 \text{kN} \cdot \text{m}$$

上下柱端的弯矩设计值按柱线刚度分配，二层 A 柱顶端弯矩：

$$M_c = \frac{0.526}{0.526 + 0.526} \times 212.715 = 106.36 \text{kN} \cdot \text{m}$$

取以上调整后的数值与表 4-6 中相应弯矩数据的大者即可。其余节点计算过程略。

（5）抗震等级为二级的框架结构，底层柱的柱下端截面组合的弯矩设计值应乘以增大系数 1.5。以表 5-11 中 A 柱为例：

A 柱底端 $\pm|M_{max}|$ 时对应弯矩为 104.5kN·m 乘以增大系数 1.5，得

$$104.5 \times 1.5 = 156.75 \text{kN} \cdot \text{m}$$

代入框架柱正截面压弯抗震验算。其余略。具体计算结果见表 5-9～表 5-11。

6 楼梯结构设计

6.1 基本理论

楼梯是多层及高层房屋中的重要组成部分。常见的楼梯形式有梁式楼梯和板式楼梯。板式楼梯下表面平整，施工支模方便，外观比较轻巧，但斜板较厚，混凝土和钢筋用量较大，一般用于梯板水平投影长度不超过3m时，当梯板水平长度超过 3m 的楼梯，常用梁式楼梯。

6.1.1 板式楼梯

板式楼梯由梯段板、休息平台、平台梁（若建筑为框架结构，则还有构造柱）组成，可分为斜板式和折线形板式两种。斜板式楼梯跨度较小、经济、构造简单，应优先采用，见图 6-1。

板式楼梯的梯段板是一块支承在上、下平台梁上并带有踏步的斜饭，斜板厚度通常取为梯段板斜长的 1/30～1/25。

板式楼梯梯段板的计算简图见图 6-2：平台梁近似作为梯段板的铰支座，跨度取两梁中心线的距离，荷载为竖向恒载（永久荷载）、活载。作用于梯段板上的活荷载是沿水平方向分布的，因此斜板的恒荷载（永久荷载）一般也换算成沿水平方向的均布荷载。

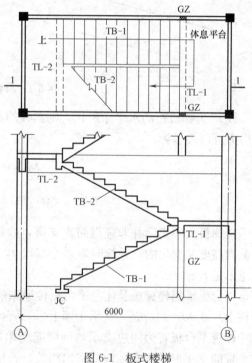

图 6-1 板式楼梯

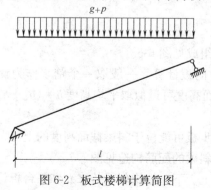

图 6-2 板式楼梯计算简图

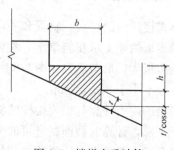

图 6-3 楼梯自重计算

恒载（沿水平方向均布，取 1m 宽板带）

$$g = \left\{ \frac{(h + t/\cos\alpha + t/\cos\alpha)}{2} \cdot b \cdot 1 \cdot 25 \right\} / b \tag{6-1}$$

式中 h、t、b、α 含义见图 6-3。

活载沿水平方向均布，数值由《建筑结构荷载规范》GB 50009—2012 查出。

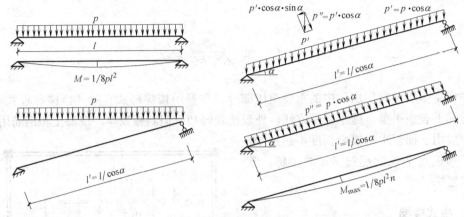

图 6-4 斜板内力计算

设 l_n 为梯段板的水平净跨长，则斜板的跨中最大弯矩（计算过程见图 6-4）和支座最大剪力可以表示为：

$$M_{max} = \frac{1}{8} p l_n^2 \tag{6-2}$$

$$V_{max} = \frac{1}{2} p l_n \cos\alpha \tag{6-3}$$

楼梯板支座实际并非理想简支支座，故跨中弯矩可近似取：$M = 1/10 p l_n^2$。楼梯板的正截面高度是变化的，计算时取最小高度 t，即垂直于板纵向轴线的最小高度（图 6-3），注意不是 $t/\cos\alpha$。

平台梁承担楼梯板及休息平台板传递来的荷载，跨中弯矩取 $M = 1/10 p l^2$（支承于构造柱上）或 $M = 1/8 p l^2$（支承于墙上），平台梁设计与一般梁相同。

休息平台板若为四边支承，则可能是单向也可能是双向板，应根据长短边的比值确定。板的支座形式与实际构造密切相关，若板梁整浇，则梁可视为板的嵌固支座，若板搁在梁或墙上，则为简支支座。

6.1.2 梁式楼梯

梁式楼梯由踏步板、斜梁和平台板、平台梁组成见图 6-5。

踏步板两端支承在斜梁上，按两端简支的单向板计算，一般取一个踏步作为计算单元。踏步板为梯形截面，如图 6-6 所示，板的截面高度可近似取平均高度 $h = (h_1 + h_2)/2$，板厚一般不小于 30～40mm。

斜梁的内力计算与板式楼梯的斜板相同。踏步板可能位于斜梁截面高度的上部，也可能位于下部，计算时截面高度可取为矩形截面。斜梁的配筋构造见图 6-7。

平台梁主要承受斜边梁传来的集中荷载（由上、下跑楼梯斜梁传来）和平台板传来的

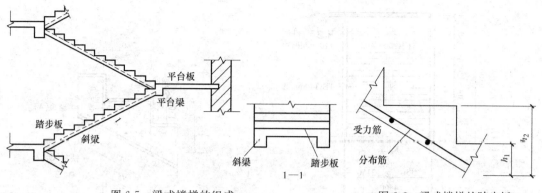

图 6-5　梁式楼梯的组成	图 6-6　梁式楼梯的踏步板

均布荷载，平台梁一般按简支梁计算，计算简图见图 6-8。

楼梯的配筋要注意板、梁内不能出现内折角钢筋。

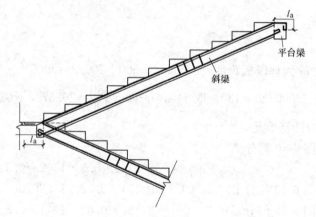

图 6-7　斜梁的配筋

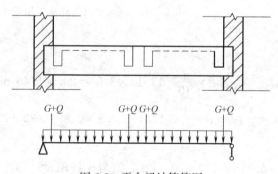

图 6-8　平台梁计算简图

6.2　例　题　设　计

本例题工程采用现浇钢筋土板式楼梯，设计混凝土强度等级为 C30，梯板钢筋为 HPB300 钢筋，梯梁钢筋为 HRB400 钢筋。活荷载标准值为 $3.5kN/m^2$，楼梯栏杆采用金属栏杆。楼梯平面布置见图 6-9，踏步装修做法见图 6-10。

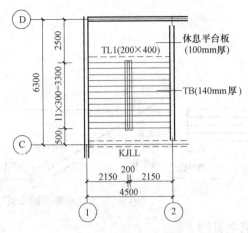

图 6-9 楼梯平面布置 (mm)

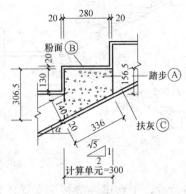

图 6-10 踏步详图 (mm)

6.2.1 梯段板计算

1. 荷载计算

板厚取 $l_0/30$，l_0 为梯段板跨度 $=300\times11+500+200/2=3900$

板厚 $h=l_0/30=3900/30=130$，取 $140\alpha=\arctan\dfrac{150}{300}=26.57°$，$\cos\alpha=0.894$

取 1m 宽板带为计算单元

踏步板自重（图 6-10 部分 A）

$$(0.1565+0.3065)/2\times0.3\times1\times25/0.3\times1.2=6.95\text{kN/m}$$

踏步地面重（图 6-10 部分 B）　　$(0.3+0.15)\times0.02\times1\times20/0.3\times1.2=0.72\text{kN/m}$

底板抹灰重（图 6-10 部分 C）　　$0.336\times0.02\times1\times17/0.3\times1.2=0.46\text{kN/m}$

栏杆重　　　　　　　　　　　　　　　　　　　　　　$0.1\times1.2=0.12\text{kN/m}$

活载　　　　　　　　　　　　　　　　$1\times0.3\times3.5/0.3\times1.4=4.90\text{kN/m}$

　　　　　　　　　　　　　　　　　　　　　　　　　$\Sigma=13.15\text{kN/m}$

2. 内力计算

$$M_{\max}=\frac{1}{10}pl^2=\frac{1}{10}\times13.15\times3.9^2=20.00\text{kN}\cdot\text{m}$$

$$V_{\max}=\frac{1}{2}pl\cos\alpha=\frac{1}{2}\times13.15\times3.9\times0.894=22.92\text{kN}$$

3. 配筋计算

板的有效高度 $h_0=h-20=140-20=120$，混凝土抗压设计强度 $f_c=14.3\text{N/mm}^2$

钢筋抗拉强度设计值 $f_y=270\text{N/mm}^2$

$$\alpha_s=\frac{M}{f_cbh_0^2}=\frac{20.00\times10^6}{14.3\times1000\times120^2}=0.097\quad\text{由表查的 }\gamma_s=0.949$$

$$A_s=\frac{M}{f_y\gamma_sh_0}=\frac{20.00\times10^6}{270\times0.949\times80}=6512\text{mm}^2\quad\text{选用 }\Phi8@150\quad A_s=785\text{mm}^2$$

梯段板抗剪，因 $0.7f_tbh_0=0.7\times1.43\times1000\times120=120120\text{N}>22.92\text{kN}$

满足抗剪要求，支座构造配 $\Phi10@200$。

6.2.2 休息平台板计算

按简支板计算，简图见图 6-11。

以板宽 1m 为计算单元，计算跨度近似取：

$$l = 2500 - 200/2 = 2400$$

板厚取 100mm

1. 荷载计算

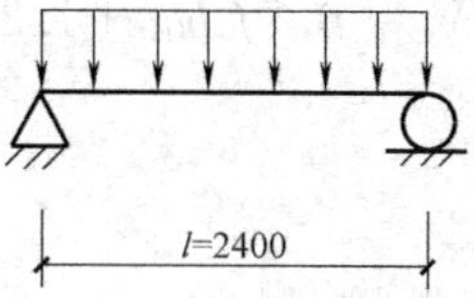

面层 $0.02 \times 1 \times 20 \times 1.2 = 0.48$kN/m

板自重 $0.10 \times 1 \times 25 \times 1.2 = 3.0$kN/m

板底粉刷 $0.02 \times 1 \times 17 \times 1.2 = 0.408$kN/m

活载 $3.5 \times 1 \times 1.4 = 4.9$kN/m

$$\sum = 8.788\text{kN/m}$$

图 6-11　平台板计算简图

2. 内力计算

$$M_{max} = 1/10 \, Pl^2 = 1/10 \times 8.788 \times 2.4^2 = 5.06\text{kN} \cdot \text{m}$$

3. 配筋计算

$$\alpha_s = \frac{M}{f_c b h_0^2} = \frac{5.06 \times 10^6}{14.3 \times 1000 \times 80^2} = 0.055 \quad \text{由表查的} \ \gamma_s = 0.972$$

$$A_s = \frac{M}{f_y \gamma_s h_0} = \frac{5.06 \times 10^6}{270 \times 0.972 \times 80} = 242\text{mm}^2 \quad \text{选用}\ \Phi 8@150 \quad A_s = 335\text{mm}^2$$

6.2.3 梯段梁 TL1 计算

截面高度 $h = L/12 = 1/12 \times 4500 = 375$，取 400 高，宽取 200。

1. 荷载计算

梯段板传 $13.15 \times (3.3 + 0.5 - 0.25/2)/2 = 24.16$kN/m

休息平台板传 $8.788 \times 2.4/2 = 10.55$kN/m

梁自重 $0.2 \times 0.4 \times 25 \times 1.05 \times 1.2 = 2.52$kN/m

$$\sum = 37.23\text{kN/m}$$

2. 内力计算

$$M_{max} = 1/8 \, Pl^2 = 1/8 \times 37.23 \times 4.5^2 = 94.24\text{kN} \cdot \text{m}$$

3. 配筋计算

钢筋采用 HRB400 钢，$h_0 = 400 - 35 = 365$

$$\alpha_s = \frac{M}{f_c b h_0^2} = \frac{94.24 \times 10^6}{14.3 \times 200 \times 365^2} = 0.247 \quad \text{由表查的}\ \gamma_s = 0.856$$

$$A_s = \frac{M}{f_y \gamma_s h_0} = \frac{94.24 \times 10^6}{360 \times 0.856 \times 365} = 838\text{mm}^2 \quad \text{选用}\ 3\Phi 20 \quad A_s = 942\text{mm}^2$$

$$V_{max} = 1/2 \, Pl = 1/2 \times 37.23 \times 4.5 = 83.77\text{kN} \cdot \text{m}$$

$$0.25\beta_c f_c b h_0 = 0.25 \times 1.0 \times 14.3 \times 200 \times 365 = 260975\text{N} = 260.98\text{kN} > V_{max}$$

$$0.7 f_t b h_0 = 0.7 \times 1.43 \times 200 \times 365 = 73073\text{N} = 73.07\text{kN} < V_{max}$$

需通过计算配置腹筋。

只配置箍筋，计算 V_{cs}。

按构造要求，选 $\phi6@150$ 双肢箍筋

$$\rho_{sv} = \frac{nA_{sv1}}{bs} = \frac{2 \times 28.3}{200 \times 150} = 0.189\% > \rho_{sv,min} = 0.24 \times \frac{1.43}{270} = 0.127\%$$

$$V_{cs} = 0.7 f_t b h_0 + 1.25 f_{yv} \frac{nA_{sv1}}{S} h_0 = 0.7 \times 1.43 \times 200 \times 365 + 1.25 \times 270 \times \frac{2 \times 28.3}{150} \times 365$$

$$= 73073 + 46482.75 = 119555.75\text{N}$$

$$= 119.56\text{kN} > 83.77\text{kN}$$

满足要求。

7 现浇楼面板设计

7.1 计 算 方 法

楼盖是水平承重结构体系，是多层框架结构的重要组成部分。楼盖结构不但将荷载传递给竖向承重结构，同时也将各竖向承重结构连接成一个整体，增加了结构的稳定性和整体性。

楼盖按结构形式通常可分为有梁楼盖和无梁楼盖两大类。在有梁楼盖中，根据梁、板的结构布置情况，又可以分为单向板肋形楼盖、双向板肋形楼盖、井式楼盖和双向密肋楼盖。无梁楼盖不设梁，楼盖直接支承在柱和墙上。对于肋形楼盖，我国《混凝土结构设计规范》GB 50010—2010 规定：四边支承的板，当长边与短边长度之比不大于 2 时，应按双向板计算；当长边与短边长度之比大于 2，但小于 3 时，宜按双向板计算；当长边与短边长度之比不小于 3 时，可按沿短边方向受力的单向板计算。实际工程中，板区格两个方向边长比大于和等于 3 的情况不多。因此，双向板肋形楼盖在工程中的应用十分广泛。

7.1.1 单向板肋形楼盖

单向板肋形楼盖的结构布置应符合以下原则：满足使用要求；受力合理，尽可能均匀、对称地布置次梁、主梁和墙柱，使板区格的边长比不小于 2；当楼面上有墙体或较大的集中荷载作用时应在该处设梁；经济合理，施工简便。

设计单向板肋形楼盖时，应对板、次梁和主梁分别进行内力计算与配筋计算。在框架结构房屋中，当楼盖采用单向板肋形楼盖时，框架梁也是楼盖的主梁。主梁已作为框架梁进行计算，在此还要进行板和次梁的设计计算（图 7-1）。

在现浇单向板肋梁楼盖中，板、次梁、主梁的计算模型为连续板或连续梁，其中，次

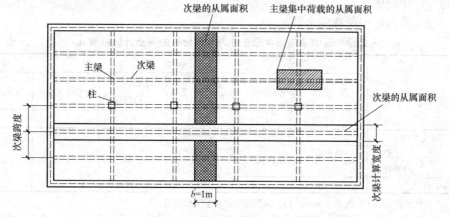

图 7-1　板、梁的荷载计算范围

梁是板的支座，主梁是次梁的支座，柱或墙是主梁的支座。跨数超过 5 跨的连续梁、板，当各跨荷载相同，且跨度相差不超过 10% 时，可按 5 跨的等跨连续梁、板计算。

当板的厚度和板面荷载相同时，不必将整块板取出分析，只需沿板跨方向取出 1m 宽的板带作为板的计算单元，对其进行内力计算与配筋，其他板带按此板带配筋即可。

同样，在各次梁的截面尺寸、跨数、跨度以及荷载完全相同的情况下，只要取出一根次梁进行内力计算与配筋，其余次梁分别按此次梁配筋。

（1）等跨连续梁

在相同均布荷载和间距相同、大小相等的集中荷载作用下，等跨连续梁各跨跨中和支座截面的弯矩设计值 M 可分别按下列公式近似计算：

承受均布荷载时

$$M = \alpha_m (g+q) l_0^2 \tag{7-1}$$

承受集中荷载时

$$M = \eta \alpha_m (G+Q) l_0 \tag{7-2}$$

式中　g——沿梁单位长度上的恒荷载设计值；

　　　q——沿梁单位长度上的活荷载设计值；

　　　G——一个集中恒荷载设计值；

　　　Q——一个集中活荷载设计值；

　　　α_m——连续梁考虑塑性内力重分布的弯矩计算系数，按表 7-1 采用；

　　　η——集中荷载修正系数，按表 7-2 采用；

　　　l_0——计算跨度，按表 7-3 采用。

在均布荷载和间距相同、大小相等的集中荷载作用下，等跨连续梁支座边缘的剪力设计值 V 可分别按下列公式计算：

承受均布荷载时

$$V = \alpha_v (g+q) l_n \tag{7-3}$$

承受集中荷载时

$$V = \alpha_v n (G+Q) \tag{7-4}$$

式中　α_v——考虑塑性内力重分布梁的剪力计算系数，按表 7-4 采用；

　　　l_n——净跨度；

　　　n——跨内集中荷载的个数。

连续梁和连续单向板考虑塑性内力重分布的弯矩计算系数 α_m　　　　表 7-1

支承情况		截面位置					
		端支座	边跨跨中	离端第二支座	离端第二跨跨中	中间支座	中间跨跨中
		A	I	B	Ⅱ	C	Ⅲ
梁、板搁支在墙上		0	1/11	二跨连续： −1/10 三跨以上连续： −1/11	1/16	−1/14	1/16
板	与梁整浇连接	−1/16	1/14				
梁	与梁整浇连接	−1/24					
梁与柱整浇连接		−1/16	−1/14				

注：1. 表中系数适用于荷载比 $q/g > 0.3$ 的等跨连续梁和连续单向板；

　　2. 连续梁或连续单向板的各跨长度不等，但相邻两跨的长跨和短跨之比值小于 1.10 时，仍可采用表中弯矩系数值。计算支座弯矩时应取相邻两跨中的较长跨度值，计算跨中弯矩时应取本跨长度。

集中荷载修正系数 η　　　　　　　　　　　　　　　　表 7-2

荷载情况	截面					
	A	I	B	II	C	III
当在跨中中点处作用一个集中荷载时	1.5	2.2	1.5	2.7	1.6	2.7
当在跨中三分点处作用两个集中荷载时	2.7	3.0	2.7	3.0	2.9	3.0
当在跨中四分点处作用三个集中荷载时	3.8	4.1	3.8	4.5	4.0	4.8

梁、板的计算跨度 l_0　　　　　　　　　　　　　　　　表 7-3

支承情况	计算跨	
	梁	板
两端与梁(柱)整体连接	净跨 l_n	净跨 l_n
两端支承在砖墙上	$1.05l_n \leqslant (l_n+b)$	$l_n+h \leqslant (l_n+a)$
一端与梁(柱)整体连接,两一端支承在砖墙上	$1.025l_n \leqslant (l_n+b/2)$	$l_n+h/2 \leqslant (l_n+a/2)$

注: 表中 b 为梁的支承宽度, a 为板的搁置长度, h 为板厚。

连续梁考虑塑性内力重分布的剪力计算系数 α_v　　　　　　　　表 7-4

支承情况	截面位置				
	A 支座内侧 A_{in}	离端第二支座		中间支座	
		外侧 B_{ex}	内侧 B_{in}	外侧 C_{ex}	内侧 C_{in}
搁支在墙上	0.45	0.60	0.55	0.55	0.55
与梁或柱整体连接	0.50	0.55			

(2) 等跨连续板

承受均布荷载的等跨连续单向板,各跨跨中及支座截面的弯矩设计值 M 可按式(7-5)计算:

$$M = \alpha_m (g+q) l_0^2 \qquad (7-5)$$

式中　g、q——沿板跨单位长度上的恒荷载设计值、活荷载设计值;

　　　α_m——连续单向板考虑塑性内力重分布的弯矩计算系数,按表 7-1 采用;

　　　l_0——计算跨度,按表 7-3 采用。

7.1.2　双向板肋形楼盖

1. 双向板的结构布置

进行楼面结构布置时,要求确定梁、柱和墙的位置。楼面结构布置要考虑使用要求、荷载大小、施工条件和经济方面等许多因素。在双向板肋形楼盖中,由梁划分的区格尺寸不宜过小,板区格过小时,梁的数量增多,施工复杂,板受力小,材料得不到充分利用。板区格也不宜太大,板区格过大时,板的厚度增加,材料用量增多,结构自重增大,同样也不经济。双向板肋形楼盖中,同一方向梁的间距以 4～6m 比较合适。当柱网尺寸较大时,可以在柱与柱之间增设一根梁,使板区格尺寸控制在较为合理的范围之内。当楼面上设有墙体或有较大的集中荷载时,墙下和较大的集中荷载下应布置梁。当楼面有开洞时,洞口周围应设梁或布置加强钢筋。

2. 双向板按弹性理论计算

只有一个区格的双向板称为单区格双向板。单区格双向板可直接查附表2-1～附表2-6求得板的内力和挠度。实际工程中基本为多区格双向板。多区格双向板弹性理论的精确计算是很复杂的。因此，工程中采用近似的实用计算方法，将多区格双向板简化为单区格双向板。该法采用了如下两个假定：

1）支承梁的抗弯刚度很大，其垂直位移可忽略不计。

2）支承梁的抗扭刚度很小，可自由转动。

根据上述假定可将梁视为双向板的不动铰支座，从而使计算简化。

在确定活荷载的最不利作用位置时，采用了既能接近实际情况又便于利用单区格板计算表的布置方案；当求支座负弯矩时，楼盖各区格板均满布活荷载；当求跨中正弯矩时，在该区格及其前后左右每隔一区格布置活荷载。这通常称为棋盘式布置，见图7-2。

（1）跨中最大正弯矩

将总荷载 $q = g + p$ 分成两部分

$$q' = g + 1/2p \tag{7-6}$$
$$q'' = 1/2p \tag{7-7}$$

式中　g——均布静荷载；

　　　p——均布活荷载。

当板的各区格均受 q' 时（图7-2b），可近似地认为板都嵌固在中间支座上，亦即内部区格的板可按四边固定的单块板进行计算。当 q'' 在一区格中向上作用而在相邻的区格中向下作用时（图7-2c），近似符合反对称关系，可认为中间支座的弯矩等于零，亦即内部区格的板按四边简支的单板进行计算。在上述两种荷载情况下的边区格板，其外边界的支座

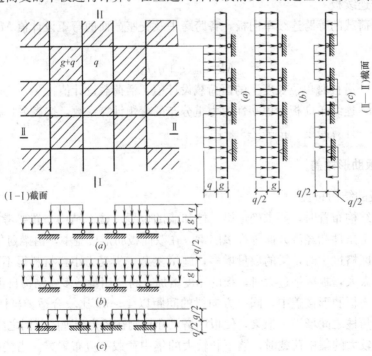

图7-2　棋盘式荷载布置图

按实际情况考虑，而内边界的支座则按相应荷载情况考虑为固定或简支。最后，将所求区格在这两种荷载作用下的跨中弯矩叠加，即求得该区格的跨中最大正弯矩。

（2）支座最小负弯矩

求支座最小负弯矩时，由于活荷载按各区格均满布荷载，故内区格板可按四边固定的双向板计算其支座弯矩，而边区格板，外边界支座则按实际情况考虑，其内支座仍按固定支座考虑。

单跨双向板在均布荷载作用下的弯矩系数见附表 2-1～附表 2-6。

7.2　例题设计

本例题工程楼盖均为整体现浇，楼板布置示意图见图 7-3。

根据楼面结构布置情况，楼面均为双向板，板厚 $h \geqslant L/50 = 4500/50 = 90\text{mm}$，本工程教室部分取 120mm，$h_0 = 120 - 20 = 100\text{mm}$；走廊部分取 100mm，$h_0 = 100 - 20 = 80\text{mm}$。

本工程楼板按弹性理论方法计算内力并考虑活荷载不利布置的影响。

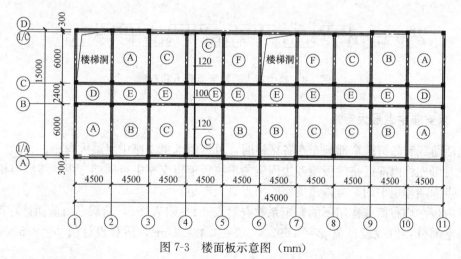

图 7-3　楼面板示意图（mm）

7.2.1　跨中最大弯矩

将总荷载 $q = g + p$ 分成两部分：

$$q' = g + 1/2p$$
$$q'' = 1/2p$$

式中　g——均布静荷载；

　　　p——均布活荷载。

当板的各区格均受 q' 时（图 7-4b），可近似地认为板都嵌固在中间支座上，亦即内部区格的板可按四边固定的单块板进行计算。当 q'' 在一区格中向上作用而在相邻的区格中向下作用时（图 7-4c），近似符合反对称关系，可认为中间支座的弯矩等于零，亦即内部区格的板按四边简支的单板进行计算。将上述两种情况叠加可得跨内最大弯矩。

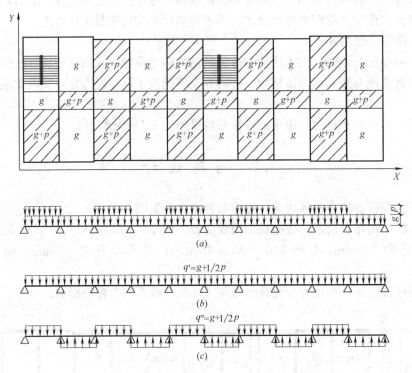

图 7-4 跨中最大弯矩活荷载不利布置

7.2.2 求支座中点最大弯矩

当活荷载和静荷载全部满布在各区格时，可近似求得支座中点最大弯矩。

此时可先将内部区格的板按四边固定的单块板求得支座中点固端弯矩，然后与相邻的支座中点固端弯矩平均，可得该支座的中点最大弯矩。

双向板在均布荷载作用下的弯矩系数查附表 2-1～附表 2-6，荷载已由前面计算得出。

教室部分：恒载设计值 $g=3.692\times1.2=4.43\mathrm{kN/m^2}$，活载设计值 $p=2.5\times1.4=3.5\mathrm{kN/m^2}$

走廊部分：恒载设计值 $g=3.192\times1.2=3.83\mathrm{kN/m^2}$，活载设计值 $p=3.5\times1.4=4.9\mathrm{kN/m^2}$

故教室部分：则 $q=4.43+3.5=793\mathrm{kN/m^2}$　则 $q'=4.43+1.75=6.18\mathrm{kN/m^2}$
$$q''=1/2\times3.5=1.75\mathrm{kN/m^2}$$

故走廊部分：$q=3.83+4.9=8.73\mathrm{kN/m^2}$　则 $q'=8.83+2.45=6.28\mathrm{kN/m^2}$
$$q''=1/2\times4.9=2.45\mathrm{kN/m^2}$$

钢筋混凝土泊桑比 μ 可取 1/6。

本例中只计算 A 区格、E 区格板，其余方法相同，过程省略。

7.2.3　A 区格

$\dfrac{l_x}{l_y}=\dfrac{4.5}{6.3}=0.714$，如图 7-5 所示。

1. 求跨内最大弯矩 $M_x(A)$，$M_y(A)$

q' 作用下查附表 2-4，得 $\mu=0$ 时

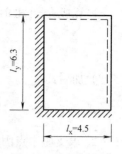

$$M_{x\max}=0.0314q'l_x^2=0.0314\times6.18\times4.5^2=3.930\text{kN}\cdot\text{m}$$

$$M_{y\max}=0.0118q'l_x^2=0.0118\times6.18\times4.5^2=1.477\text{kN}\cdot\text{m}$$

换算成 $\mu=1/6$ 时，可利用公式

$$M_x^{(\mu)}=M_x+\mu M_y$$

$$M_y^{(\mu)}=M_y+\mu M_x$$

图 7-5　A 区格板 q''
作用计算简图

$$M_y^{(\mu)}=3.930+1/6\times1.477=4.176\text{kN}\cdot\text{m}$$

$$M_y^{(\mu)}=1.477+1/6\times3.930=2.132\text{kN}\cdot\text{m}$$

q'' 作用下查附表 2-5，得 $\mu=0$ 时

$$M_x=0.0416q''l_x^2=0.0416\times1.75\times4.5^2=1.474\text{kN}\cdot\text{m}$$

$$M_y=0.0177q''l_x^2=0.0177\times1.75\times4.5^2=0.627\text{kN}\cdot\text{m}$$

换算成 $\mu=1/6$ 时，可利用公式

$$M_x^{(\mu)}=1.474+1/6\times0.627=1.579\text{kN}\cdot\text{m}$$

$$M_y^{(\mu)}=0.627+1/6\times1.474=0.873\text{kN}\cdot\text{m}$$

叠加后：

$$M_x(A)=4.176+1.579=5.755\text{kN}\cdot\text{m}$$

$$M_y(A)=2.132+0.873=3.005\text{kN}\cdot\text{m}$$

2. 求支座中点固端弯矩 $M_x(A)$，$M_y(A)$

q 作用下查附表 2-4，得

$$M_x(A)=-0.0725ql_x^2=-0.0725\times7.93\times4.5^2=-11.642\text{kN}\cdot\text{m}$$

$$M_x(A)=-0.0725ql_x^2=-0.0568\times7.93\times4.5^2=-9.121\text{kN}\cdot\text{m}$$

7.2.4　E 区格

$\dfrac{l_y}{l_x}=\dfrac{2.4}{4.5}=0.533$，如图 7-6 所示。

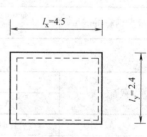

1. 求跨内最大弯矩 $M_x(E)$，$M_y(E)$

q' 作用下查附表 2-4，得 $\mu=0$ 时

$$M_{x\max}=0.0051q'l_x^2=0.005\times6.28\times2.4^2=0.181\text{kN}\cdot\text{m}$$

$$M_{y\max}=0.039q'l_x^2=0.039\times6.28\times2.4^2=1.411\text{kN}\cdot\text{m}$$

图 7-6　E 区格板 q''
作用计算简图

换算成 $\mu=1/6$ 时，可利用公式

$$M_x^{(\mu)}=M_x+\mu M_y$$

$$M_y^{(\mu)}=M_y+\mu M_x$$

$$M_x^{(\mu)}=0.181+1/6\times1.411=0.416\text{kN}\cdot\text{m}$$

$$M_y^{(\mu)}=1.411+1/6\times0.181=1.441\text{kN}\cdot\text{m}$$

q'' 作用下查附表 2-1，得 $\mu=0$ 时

$$M_x=0.0198q''l_x^2=0.0198\times2.45\times2.4^2=0.279\text{kN}\cdot\text{m}$$

$$M_y=0.0917q''l_x^2=0.0917\times2.45\times2.4^2=1.294\text{kN}\cdot\text{m}$$

换算成 $\mu=1/6$ 时，可利用公式

$$M_x^{(\mu)}=0.279+1/6\times1.294=0.495\text{kN}\cdot\text{m}$$

$$M_y^{(\mu)}=1.294+1/6\times0.279=1.341\text{kN}\cdot\text{m}$$

叠加后：

$$M_x(E)=0.416+0.495=0.911\text{kN}\cdot\text{m}$$

$$M_y(E)=1.441+1.341=2.782\text{kN}\cdot\text{m}$$

2. 求支座中点固端弯矩 $M_x(E)$，$M_y(E)$

q 作用下查附表 2-4，得

$$M_x(E)=-0.057ql_x^2=-0.057\times8.73\times2.4^2=-2.866\text{kN}\cdot\text{m}$$

$$M_y(E)=-0.0819ql_x^2=-0.0819\times8.73\times2.4^2=-4.118\text{kN}\cdot\text{m}$$

根据内力确定配筋，应以实配钢筋面积与计算所需面积相近最为经济，但考虑到实际施工的可行性，应使选用钢筋的直径和间距种类尽可能少，同一块板同方向支座和跨中钢筋间距最好一致。本例中 E 板块 Y 向实配钢筋与计算需要钢筋的面积相差较多，是为了使楼板 Y 向钢筋能拉通。同样，在 A 板块和 E 板块相交的支座处，偏安全地按 A 板块支座弯矩进行配筋。楼面板的最终配筋见表 7-5、表 7-6 和图 10-8。

板跨中配筋计算 表 7-5

截面位置	A_x	A_y	E_x	E_y
M	5.7554	3.005	0.911	2.782
$\alpha_s=\dfrac{M}{f_c bh_0^2}$	0.040	0.021	0.010	0.031
ξ	0.041	0.021	0.010	0.032
$A_s=\xi\dfrac{f_c}{f_y}bh_0$	163	84	32	102
实配钢筋(mm²)	$\Phi8@200$ $A_s=251$	$\Phi8@200$ $A_s=251$	$\Phi8@200$ $A_s=251$	$\Phi8@200$ $A_s=251$

支座配筋计算 表 7-6

截面位置	X 向		Y 向	
	[A]	[E]	[A]	[E]
M	11.642	2.866	9.121	4.118
$\alpha_s=\dfrac{M}{f_c bh_0^2}$	0.081	0.032	0.064	0.045
ξ	0.085	0.033	0.066	0.046
$A_s=\xi\dfrac{f_c}{f_y}bh_0$	338	105	262	146
实配钢筋(mm²)	$\Phi8@130$ $A_s=387$	$\Phi8@130$ $A_s=387$	$\Phi8@130$ $A_s=387$	$\Phi8@130$ $A_s=387$

注：$b=1000\text{mm}$，A 板块 $h_0=100\text{mm}$，E 板块 $h_0=80\text{mm}$。

8 基 础 设 计

8.1 柱下独立基础设计

8.1.1 按持力层强度初步确定基础底面尺寸

1. 轴心荷载时

要求

$$p_k \leqslant f_a \tag{8-1}$$

$$p_k = \frac{F_k + G_k}{l_b} \tag{8-2}$$

将（8-2）代入（8-1），得基础底面积计算公式：

$$A \geqslant \frac{F_k}{f_a - \gamma_G d} \tag{8-3}$$

式中 p_k——相应于荷载效应标准组合时，基础底面处的平均应力值；

f_a——修正后的地基持力层承载力特征值；

G_k——基础自重及基础上的土重，一般取 $G_k = \gamma_G \cdot d$；

l——基础在弯矩作用方向的长度；

γ_G——基础及基础上填土的平均重度，一般取 20kN/m^3；

d——基础埋深。

在轴心荷载作用下一般采用方形，即 $l = b = \sqrt{A}$。

2. 偏心荷载作用

要求

$$p_k \leqslant f_a \tag{8-1}$$

$$p_{kmax} \leqslant 1.2 f_a \tag{8-4}$$

对常见的单向偏心矩形基础（图 8-1）：

当偏心距 $e \leqslant \dfrac{l}{6}$ 时

$$p_{kmin}^{max} = \frac{F_k \pm G_k}{lb} \pm \frac{\sum M_k}{W} \tag{8-5}$$

或 $p_{kmin}^{max} = \dfrac{F_k \pm G_k}{lb} \left(1 \pm \dfrac{6e}{b} \right)$

当偏心距 $e > \dfrac{l}{6}$ 时

$$p_{kmax} = \frac{2(F_k + G_k)}{3lk} \tag{8-6}$$

其中 $k = \dfrac{b}{2} - e$

式中 $\sum M_k$，F_k——由上部结构传来的作用于基础底面形心处的轴向力、弯矩标准组合值；

W——基础底面面积的抵抗矩，$W = \frac{1}{6}bl^2$；

b——基础在弯矩作用垂直方向的长度；

e——偏心值，$e = \dfrac{\sum M_k}{F_k + G_k}$。

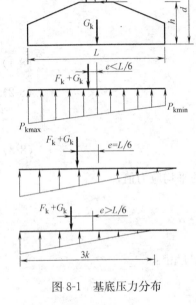

图 8-1　基底压力分布

确定矩形基础底面尺寸时，为了同时满足公式（8-1）、公式（8-2）的条件，一般可按下列步骤进行：

（1）对 f_{ak} 进行深度修正，初步确定修正后的地基承载力特征值。

（2）根据荷载偏心情况，将按轴心荷载作用计算得到的基础底面积增大 $10\% \sim 40\%$。

即：
$$A = (1.1 - 1.4)\frac{F_k}{f_a - r_G d} \tag{8-7}$$

（3）选取基底长边 l 与短边的比值 n（一般取 $n \leqslant$ 2），于是有：

$$b = \sqrt{\frac{A}{n}} \tag{8-8}$$

$$l = nb \tag{8-9}$$

（4）考虑是否对地基承载力进行宽度修正，如需要，在承载力修正后，重复上述（2）、（3）步骤，使所取宽度前后一致。

（5）计算偏心距 e 和基底最大压力 p_{kmax}，并验算是否满足公式（8-1）和公式（8-4）的要求。

（6）若 b、l 取值不适当，可调整尺寸再进行验算，直至定出合适的尺寸为止。

8.1.2　抗震承载力验算

验算天然地基地震作用下的竖向承载力时，按地震作用效应标准组合值的基础底面平均压力 p_k 和边缘最大压力 p_{kmax} 应符合下列各式要求：

$$p_k \leqslant f_{aE}$$
$$p_{kmax} \leqslant 1.2 f_{aE}$$
$$f_{aE} = \zeta_a f_a$$

式中　f_{aE}——调整后的地基抗震承载力；

f_a——深度、宽度修正后的地基承载力特征值；

ζ_a——地基抗震承载力调整系数，按《建筑地基基础设计规范》GB 50007—2011 采用。

8.1.3　地基软卧层强度验算

如图 8-2 所示，要求
$$p_{cz} + p_z = f_{az} \tag{8-10}$$

式中 p_{cz}——相应于荷载效应标准组合值时软卧层顶面处土的自重应力值；

p_z——软卧层顶面处土的附加应力值；

f_{az}——软卧层顶面处经深度修正后软卧层土的地基承载力特征值。

其中 p_z 一般按简化方法计算，即

$$p_z = \frac{(p_k - p_{c0})bl}{(b+2z\mathrm{tg}\theta)(l+2z\mathrm{tg}\theta)} \tag{8-11}$$

式中 p_{c0}——基底处土的自重应力值；

z——基底至软卧层顶面的距离；

θ——地基压力扩散角（表 8-1）。

地基压力扩散角　　　　　　　　　　　　　　　表 8-1

E_{s1}/E_{s2}	z/b	
	0.25	0.50
3	6°	23°
5	10°	25°
10	20°	30°

注：1. E_{s1} 为上层土压缩模量；E_{s2} 为下层土压缩模量；
　　2. $z/b < 0.25$ 时取 $\theta = 0$，必要时，宜由试验确定；$z/b > 0.50$ 时 θ 值不变。

8.1.4 地基变形验算

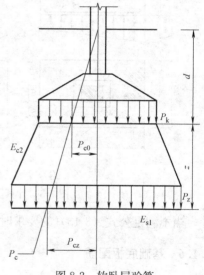

要求　　　　　　　　$\Delta \leqslant [\Delta]$ 　　　　　　(8-12)

式中 Δ——建筑物的地基变形计算值；

$[\Delta]$——地基变形允许值。

是否进行地基变形计算，根据地基基础设计等级及上部结构和地基条件，查看《建筑地基基础设计规范》GB 50007—2011。

8.1.5 确定基础高度

矩形独立基础高度由混凝土受冲切承载力确定，基本原则是基础可能冲切面外的地基净反力产生的冲切力应不大于基础可能冲切面（冲切角锥体）上的混凝土抗冲切力（图 8-3）。

图 8-2　软卧层验算

$$F_l \leqslant 0.7\beta_{hp}f_t a_m h_0 \tag{8-13}$$

$$a_m = \frac{1}{2}(a_t + a_b) \tag{8-14}$$

$$F_l = p_j A_l \tag{8-15}$$

式中 β_{hp}——受冲切承载力截面高度影响系数，当 h 不大于 800mm 时，取 1.0；当 h 大于 2000mm 时，取 0.9，其间按线性内插法取用；

f_t——混凝土轴心抗拉强度设计值；

h_0——基础冲切破坏锥体的有效高度；

a_m——冲切破坏锥体最不利一侧计算长度；

a_t——冲切破坏锥体最不利一侧斜截面的上边长；当计算柱与基础交接处的受冲切承载力时，取柱宽；当计算基础变阶处的受冲切承载力时，取上阶宽；

a_b——冲切破坏锥体最不利一侧斜截面在基础底面积范围内的下边长，当冲切破坏锥体的底面落在基础底面以内（图8-3a，b），计算柱与基础交接处的受冲切承载力时，取柱宽加两倍基础有效高度即CD；当计算基础变阶处的受冲切承载力时，取上阶宽加两倍基础有效高度。当冲切破坏锥体的底面在b方向落在基础底面以外，即$a+2h_0 \geq b$时（图8-3c），$a_b=b$，$a_t=a$；

p_j——扣除基础自重及其上土重后相应于荷载效应组合时的地基土单位面积净反力，对偏心受压基础可取基础边缘处最大地基土单位面积净反力；

A_l——冲切验算时取用的部分基底面积（图8-3a，b中的阴影面积 ABCDEF，或图中的阴影面积 ABCD）；

F_l——相应于荷载效应基本组合时作用在A_l上的地基土净反力设计值。

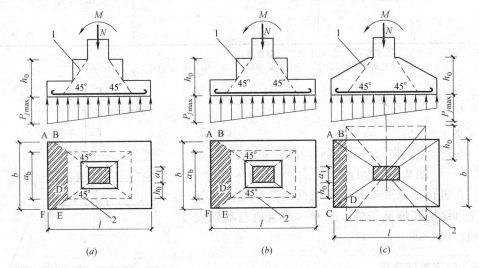

图 8-3　计算阶形基础的受冲切承载力截面位置

当不满足公式（8-13）的要求时，可适当增加基础高度后重新验算，直到满足为止。

8.1.6　基础底板配筋

对于矩形基础，当台阶的宽高比不大于 2.5，偏心距不大于 1/6 基础宽度时，任意截面的弯矩可按公式（8-16）、公式（8-17）计算：

$$M_I = \frac{1}{12} a_1 \left[(2b+b')(p_{j\max}+p_{j1}) + (p_{j\max}-p_j)b_1 \right] \tag{8-16}$$

$$M_{II} = \frac{1}{48} (b-b')^2 (2l+a')(p_{j\max}+p_{j\min}) \tag{8-17}$$

式中　a_1——任意截面 I-I 至基底边缘最大净反力处的距离，见图8-4；

p_{j1}——相应于荷载效应基本组合时在任意截面处基础底面地基净反力设计值；

$$A_{SI} = \frac{M_I}{0.9 f_y h_{0I}} \tag{8-18}$$

$$A_{S\text{II}} = \frac{M_{\text{II}}}{0.9f_y(h_{0\text{II}} - d)} \qquad (8\text{-}19)$$

式中 $h_{0\text{I}}$、$h_{0\text{II}}$——分别为Ⅰ-Ⅰ截面、Ⅱ-Ⅱ截面处基础的有效高度；

　　　　d——长向钢筋的直径。

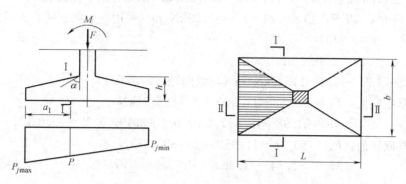

图 8-4 矩形基础底板的计算简图

对地震设防区的框架结构，或非地震设防区的大跨框架结构，若采用独立基础（包括独立承台桩基础），一般应在基础顶面设置基础连梁，增加结构的整体刚度。基础连梁的截面高度为柱距的 1/20～1/15，宽高比 1/3～1/2，配筋近似按轴心受拉计算，拉力取柱轴力的 1/10，当基础连梁上承担的墙荷载较大时，还应按受弯构件进行复核计算。基础连梁截面总纵筋配筋率一般取 1% 左右。

8.2 例 题 设 计

按照《建筑地基基础设计规范》GB 50007—2011 和《建筑抗震设计规范》GB 50011—2010 中的有关规定，上部结构传至基础顶面上的荷载只需按照荷载效应的基本组合来分析确定。

混凝土设计强度等级采用 C30，基础底板设计采用 HPB300、HRB400 钢筋，室内外高差为 0.9m，基础埋置深度为 2.1m，上柱断面为 400mm×400mm，基础部分柱断面保护层加大，两边各增加 50mm，故地下部分柱颈尺寸为 500mm×500mm，地基承载力标准值，按 1.3 所给的地质剖面土参数，取 f_k＝120kPa。

8.2.1 荷载计算

基础承载力计算时，应采用荷载标准组合。

恒$_k$＋0.9（活$_k$＋风$_k$）或恒$_k$＋活$_k$，取两者中大者。

以轴线⑧为计算单元进行基础设计，上部结构传来柱底荷载标准值为（表 4-6）：

边柱柱底：M_k＝4.46＋0.9×（2.87＋19.93）＝24.98kN・m

　　　　　N_k＝457.95＋0.9×（108.13＋16.18）＝569.83kN

　　　　　V_k＝－2.57＋0.9×（－1.65＋8.05）＝3.19kN

由于恒$_k$＋0.9（活$_k$＋风$_k$）＜恒$_k$＋活$_k$，则组合采用（恒$_k$＋活$_k$）。

中柱柱底：M_k＝－3.48－2.36＝－5.84kN・m

$$N_k = 595.69 + 173.76 = 769.45 \text{kN}$$
$$V_k = 2.01 + 1.36 = 3.37 \text{kN}$$

底层墙、基础连系梁传来荷载标准值（连系梁顶面标高同基础顶面）

墙重：±0.00以上：$3.6 \times 0.2 \times 3.0 = 2.16 \text{kN/m}$（采用轻质填充砌块，$\gamma = 3.6 \text{kN/m}^3$）

±0.00以下：$19 \times 0.24 \times 1.6 = 7.30 \text{kN/m}$（采用一般黏土砖，$\gamma = 19 \text{kN/m}^3$）

连梁重：（400×240）

$25 \times 0.4 \times 0.24 = 2.4 \text{kN/m}$

$\sum = 2.16 + 7.3 + 2.4 = 11.86 \text{kN/m}$（与纵向轴线距离0.1）

柱 A 基础底面：$F_k = 569.83 + 11.86 \times 4.5 = 623.20 \text{kN}$

$M_k = 24.98 + 11.86 \times 4.5 \times 0.1 + 3.19 \times 0.55 = 32.07 \text{kN·m}$

柱 B 基础底面：$F_k = 769.45 + 11.86 \times 4.5 = 822.82 \text{kN}$

$M_k = -5.84 - 11.86 \times 4.5 \times 0.1 - 3.37 \times 0.55 = -13.03 \text{kN·m}$

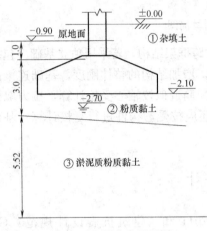

图 8-5 土层分布及埋深

8.2.2 确定基础底面积

根据地质条件取②层粉质黏土层作为持力层，设基础在持力层中的嵌固深度为0.1m，设天然地面绝对标高（6.72m处）为室外地面，则室外埋深1.2m，室内埋深2.1m（室内外高差0.9m），土层分布及埋深见图8-5。

1. A柱：

（1）初估基底尺寸

由于基底尺寸未知，持力层土的承载力特征值先仅考虑深度修正，由于持力层为粉质黏土，故取 $\eta = 1.6$；

$\gamma_m = (17.2 \times 1.0 + 19.3 \times 0.2)/1.2 = 17.55 \text{kN/m}^3$（加权土容重，其中杂填土容重取17.2kN/m^3，粉质黏土取19.3kN/m^3）

$$f_a = f_{ak} + \eta_d \cdot \gamma_m \cdot (d - 0.5) = 120 + 1.6 \times 17.55 \times (1.2 - 0.5) = 139.66 \text{kPa}$$

$$A \geqslant \frac{1.1 F_k}{f_a - \gamma_G d} = \frac{1.1 \times 623.20}{139.66 - 20 \times 0.5 \times (2.1 + 1.2)} = 6.43 \text{m}^2$$

设 $\frac{l}{b} = 1.2$，$b = \sqrt{\frac{A}{1.2}} = \sqrt{\frac{6.43}{1.2}} = 2.32$

取 $b = 2.4 \text{m}$，$l = 2.9 \text{m}$

（2）按持力层强度验算基底尺寸

基底形心处竖向力：$\sum F_k = 623.20 + 20 \times 2.4 \times 2.9 \times \frac{1}{2}(2.1 + 1.2) = 852.88 \text{kN}$

基底形心处弯矩：$\sum M_k = 32.07 \text{kN·m}$

偏心距：$e = \frac{\sum M_k}{\sum F_k} = \frac{32.07}{852.88} = 0.038 \text{m} < \frac{l}{6} = 0.48 \text{m}$

$$p_k = \frac{\sum F_k}{A} = \frac{852.88}{2.4 \times 2.9} = 122.5 \text{kPa} < f_a = 139.66 \text{kPa}$$

$$p_{kmax}=p_k\left(1+\frac{6e}{l}\right)=122.5\times\left(4+\frac{6\times0.038}{2.9}\right)=132kPa<1.2f_a=167.59kPa$$

满足要求。

（3）按软卧层强度验算基底尺寸

软卧层顶面处土的自重应力：

$p_{cz}=17.2+119.2+0.8\times9=3.2kPa$（地下水位以下土取浮重）

$$\gamma_m=\frac{p_{cz}}{d+z}=\frac{53.10}{1.2+2.8}=13.2kN/m^3$$

下卧层为淤泥质粉质黏土，取 $\eta_d=1.0$

$$f_{az}=65+1.0\times13.2(8-4)=0.5kPa$$

$$\frac{E_{s1}}{E_{s2}}=\frac{7.5}{2.5}=3,\frac{z}{b}=\frac{2.8}{2.4}>0.5,\theta=23°$$

软卧层顶面处附加应力：

$$p_z=\frac{(p_k-p_{co})lb}{(l+2ztg\theta)(b+2ztg\theta)}=\frac{(122.54-17.55\times1.2)\times2.9\times2.4}{(2.9+2\times2.8tg23°)(2.4+2\times2.8tg23°)}$$

$$=\frac{101.48\times2.9\times2.4}{5.25\times4.75}=28.32kPa$$

$$p_{cz}+p_z=53.10+28.32=81.42kPa<f_{az}$$

满足要求。

2. B柱

因B、C轴向距仅2.4m，B、C柱分别设为独立基础场地不够，所以将两柱做成双柱联合基础。

因为两柱荷载对称，所以联合基础近似按中心受压设计基础，基础埋深2.1m，见图8-6。

$$A\geqslant\frac{2\times822.82}{139.66-20\times2.1}=16.85m^2$$

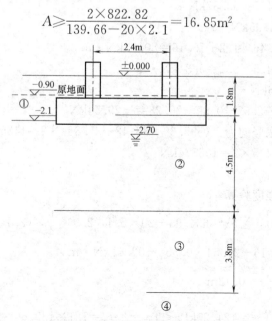

图8-6 Ⓑ、Ⓒ柱联合基础埋深

设 $l=5.6$m，$b=3.0$m，$A=16.8$m²。

软卧层验算：

$$\gamma_0 = \frac{17.2 \times 0.9 + 19.3 \times 0.3}{1.2} = 17.73 \text{kN} \cdot \text{m}^3$$

$$p_k = \frac{2 \times 822.82 + 20 \times 2.1 \times 5.6 \times 3}{5.6 \times 3} = 139.96 \text{kN}$$

$$p_{cz} = 17.2 \times 0.9 + 19.3 \times 0.9 + 9.3 \times 3.6 = 66.33 \text{kPa}$$

$$\gamma_m = \frac{66.33}{0.9 + 4.5} = 12.28 \text{kN/m}^3$$

$$f_{az} = 65 + 1.0 \times 12.28 \times (5.4 - 0.5) = 125.17 \text{kPa}$$

$$\frac{E_{s1}}{E_{s2}} = 3, \frac{z}{b} = \frac{4.5}{3} > 0.5, \theta = 23°$$

软卧层顶面处附加应力：

$$p_z = \frac{(139.96 - 17.73) \times 1.2 \times 5.6}{(5.6 + 24\tan23°)(23 + 2 \times 2\tan23°)} = \frac{18.6 \times 8.5 \times 6.3}{42.23 \times 9.13} = 33.2 \text{kPa}$$

$p_{cz} + p_z = 66.33 + 33.29 = 99.62 \text{kPa} < f_{az} = 125.17 \text{kPa}$（对于淤泥质土，基础宽度承载力修正系数 $\eta_b = 0$）

满足要求。

注意：此处将原地面（标高－0.90m）至室内地面（标高±0.00m）范围内的填土作为外荷载加入 p_k，计算基础底面或软卧层土反力时不包括这部分填土。

3. 抗震验算

根据《建筑抗震设计规范》GB 50011—2010，本工程需进行地基抗震验算；

荷载标准组合：恒载＋0.5（雪＋活）＋地震作用（内力取表 4-7 数据）

A 柱　上部传来竖向力：$457.95 + 53.77 + 69.86 = 581.58 \text{kN}$

底层墙：$11.86 \times 4.5 = 53.37 \text{kN}$

竖向力：$N_k = 634.95 \text{kN}$

上部传来弯矩：$4.46 + 1.2 + 75.16 = 80.82 \text{kN} \cdot \text{m}$

底层墙：$11.86 \times 4.5 \times 0.1 = 5.34 \text{kN} \cdot \text{m}$

弯矩：$M_k = 86.16 \text{kN} \cdot \text{m}$

柱底剪力：$V_k = -2.57 - 0.69 - 26.28 = -29.54 \text{kN}$

（B-C）柱上部传来竖向力：$(595.69 + 86.42 + 35.88) \times 2 = 1435.98 \text{kN}$

底层墙：$11.86 \times 4.5 \times 2 = 106.74 \text{kN}$

$F_k = 1542.72 \text{kN}$

A 柱基础持力层强度验算

基底形心处竖向力：$\sum F_k = 634.95 + 20 \times 2.4 \times 2.9 \times \frac{1}{2} \times (2.1 + 1.2) = 864.63 \text{kN}$

弯矩：$\sum M_k = 86.16 + 29.54 \times 0.55 = 102.41 \text{kN} \cdot \text{m}$

偏心距：$e = \frac{102.41}{864.63} = 0.12 \text{m}$

$$p_k = \frac{864.63}{2.4 \times 2.9} = 124.20 \text{kPa} < f_{aE} = \zeta_a f_a = 1.1 \times 139.66 = 153.63 \text{kPa}$$

$$p_{\text{kmin}}^{\max} = p_k \times \left(1 \pm \frac{6e}{l}\right) = 124.20 \times \left(1 \pm \frac{6 \times 0.1}{2.9}\right) = 155.3\,\text{kPa}$$

$$p_{\text{kmax}} = 155.04\,\text{kPa} < 1.2 f_{aE} = 184.36\,\text{kPa}$$

满足要求。

（B-C）柱基：

$$\sum F_k = 1542.72 + 20 \times 2.1 \times 5.6 \times 3 = 2248.32\,\text{kPa}$$

$$p_k = \frac{2248.32}{5.6 \times 3} = 133.83\,\text{kPa} < f_{aE} = 1.1 \times f_a = 153.63\,\text{kPa}$$

满足要求。

8.2.3 地基变形验算

按《建筑地基基础设计规范》GB 50007—2011 规定，本例地基基础设计等级为丙级，但因地基土层坡面 $\text{tg}\theta = \dfrac{7.5 - 4.0}{15.0} = 0.23$（见土层分布图），即 $\theta = 13.1° > 10°$，需验算地基变形。

对框架，地基变形特征值为沉降差，其允许值 $[\Delta] = 0.003l$（地基中有高压缩性土）。

（1）荷载

地基变形验算时，荷载应按准永久组合值进行计算，本例取（恒+0.5活，表4-6）。

A 柱基础 $F_k = 457.95 + 0.5 \times 108.13 + 11.86 \times 4.5 = 565.39\,\text{kN}$

（B-C）柱基础 $F_k = 2 \times (595.69 + 11.86 \times 4.5 + 0.5 \times 173.76) = 1471.88\,\text{kN}$

（2）A 柱中心点沉降差

由于计算的是柱中心点沉降，利用应力面积法计算时的角点就应为柱中心，矩形面积的长、宽分别为：

$$l' = l/2 = 1.45\,\text{m}, \quad b' = b/2 = 1.2\,\text{m}$$

$$\frac{l'}{b'} = \frac{1.3}{1.1} = 1.20$$

$$p_0 = \frac{565.39 + 20 \times 2.9 \times 2.4 \times (1.2 + 2.1) \times \frac{1}{2}}{2.4 \times 2.9} - 17.55 \times 1.2 = 93.17\,\text{kPa}$$

初步取计算深度 $z = 3.5b = 8.4\,\text{m}$，$\Delta z = 0.6\,\text{m}$，并由《建筑地基基础设计规范》GB 50007—2011 表 5.3.6 查出相应平均附加应力系数。

A 柱沉降计算　　　　　　　　　　　　　　　　　　表 8-2

z	z/b'	α_i	$4z_i\alpha_i$	$4(z_i\alpha_i - z_{i-1}a_{i-1})$	E_{si}	$s'_i = 4p_0(z_i\alpha_i - z_{i-1}a_{i-1})/E_{si}$	Σ
2.8	2.3	0.1697	1900.64	1900.64	7500	23.61	
7.2	6.0	0.0866	2191.08	503.44	2500	22.12	
7.8	6.5	0.081	2527.2	33.12	2500	1.23	
8.4	7.0	0.0761	2556.96	29.76	8600	0.32	47.28

$$\frac{\Delta s'_n}{s'} = \frac{0.32}{47.28} = 0.007 < 0.025 \text{取} z_n = 8.4\,\text{m}$$

$$A_i = p_0(\overline{\alpha_i z_i} - \overline{\alpha_{i-1} z_{i-1}})$$

$$\overline{E_s} = \frac{\sum A_i}{\sum \dfrac{A_i}{E_{si}}} = \frac{4p_0 z_n \overline{\alpha_n}}{s'} = \frac{97.17 \times 2556.96}{47.28} \times 10^{-3} = 5.04\,\text{MPa}$$

$$p_0 = 93.1\text{kPa} < f_{ak} = 120\text{kPa}$$
$$> 0.75 f_{ak} = 90\text{kPa}$$

查《建筑地基基础设计规范》GB 50007—2011 表 5.3.5，$\psi_s = 1$

$$S_A = 1 \times 47.28 = 47.28\text{mm}$$

（3）（B-C）柱中心点沉降差

$$p_0 = \frac{1471.88 + 20 \times 5.6 \times 3 \times 2.1}{5.6 \times 3} - 17.75 \times 1.2 = 108.55\text{kPa}$$

$$\frac{l'}{b'} = \frac{5.6}{2} \div \frac{3}{2} = 1.9$$

设计算深度 $z_n = 8.0\text{m}$，$\Delta z = 0.6\text{m}$。

B、C柱沉降计算　　　　　　　　　　　　　表 8-3

z	z/b'	α_i	$4z_i\alpha_i$	$4(z_i\alpha_i - z_{i-1}\alpha_{i-1})$	E_{si}	s_i'	Σ
4.8	3.2	0.1548	2972.16	2972.16	7500	43.02	
7.4	4.9	0.118	3492.8	520.64	2500	22.61	
8	5.3	0.1106	3539.2	46.4	2500	2.01	67.64
8.6	5.7	0.1047	3601.68	62.48	8600	0.79	68.43

$$\frac{\Delta s_n'}{s'} = \frac{2.01}{67.64} = 0.030 > 0.025$$

设
$$z_n = 8.6\text{m}, \frac{\Delta s_n'}{s} = \frac{0.79}{68.43} = 0.012 < 0.025$$

所以取 $z_n = 8.6\text{m}$。

$$\overline{E}_s = \frac{108.55 \times 3601.68}{68.43} \times 10^{-3} = 5.71\text{kPa}, \psi_s = 1.0$$

$$S_{BC} = 1.0 \times 68.43 = 68.43\text{mm}$$

基础沉降差　　　　$\Delta = S_{BC} - S_A = 68.43 - 47.28 = 21.15\text{mm}$

$[\Delta] = 0.003L = 0.003 \times (6000 + 1200) = 21.6\text{mm} > \Delta$（此处 B、C 柱为联合基础，应取两柱的中点作为计算参考点）

沉降满足要求。

8.2.4　基础结构设计

1. 荷载设计值

基础结构设计时，需按荷载效应基本组合的设计值进行计算（表 4-6）。

A 柱：$F = 724.20 + 11.86 \times 4.5 \times 1.2 = 788.2\text{kN}$

　　$M = 8.83 + 11.86 \times 4.5 \times 1.2 \times 0.1 + 5.09 \times 0.55 = 18.03\text{kN} \cdot \text{m}$

（B-C）柱：$F_B = F_C = 974.47 + 11.86 \times 4.5 \times 1.2 = 1038.52\text{kN}$

　　$M_B = -M_C = 7.01 + 11.86 \times 4.5 \times 1.2 \times 0.1 + 4.05 \times 0.55 = 15.64\text{kN} \cdot \text{m}$

2. A 柱

（1）基底净反力

$$p_j = \frac{F}{A} = \frac{788.24}{2.4 \times 2.9} = 113.25\text{kPa}$$

$$p_{j\min}^{\max}=\frac{F}{A}\pm\frac{M}{W}=113.25\pm\frac{18.03}{1/6\times2.4\times2.9^2}=\frac{118.61}{107.89}\text{kPa}$$

基础剖面尺寸示意图见图 8-7。

（2）冲切验算

$$\beta_{hp}=1.0$$

$$a_t=400\text{mm}$$

$$a_t+2h_o=400+2\times505=1410\text{mm}<b=2400\text{mm}$$

$$a_b=1410\text{mm}$$

$$a_m=(a_t+a_b)/2=905\text{mm}$$

$$A_l=\left(\frac{l}{2}-\frac{a_t}{2}-h_0\right)b-\left(\frac{b}{2}-\frac{a_t}{2}-h_0\right)^2$$

$$A_l=\left(\frac{1}{2}-\frac{a_t}{2}-h_0\right)b-\left(\frac{b}{2}-\frac{a_t}{2}-h_0\right)^2$$

$$=\left(\frac{2.9}{2}-\frac{0.4}{2}-0.505\right)\times2.4-\left(\frac{2.4}{2}-\frac{0.4}{2}-0.505\right)^2=1.54\text{m}^2$$

$$F_l=p_{j\max}A_l=118.61\times1.54=182.66\text{kN}$$

$$0.7\beta_{hp}f_ta_mh_0=0.7\times1.0\times1.43\times905\times505\times10^{-3}=457.48\text{kN}>F_l$$

基础高度满足要求。

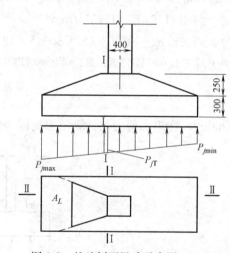

图 8-7　基础剖面尺寸示意图（mm）

（3）配筋

$$p_{j\,I}=113.99\text{kPa}$$

$$M_I=\frac{1}{12}\left(\frac{l-\alpha_c}{2}\right)^2\left[(p_{j\max}+p_{j\,I})(2b+b_c)+(p_{j\max}-p_{j\,I})b\right]$$

$$=\frac{1}{48}\times(2.9-0.4)^2\left[(118.61+11.399)(2\times2.4+0.4)+(118.61-113.99)\times2.4\right]$$

$$=158.93\text{kN}\cdot\text{m}$$

$$A_{s\,I}=\frac{M_I}{0.9h_0f_y}=\frac{158.93\times10^6}{0.9\times505\times360}=972\text{mm}^2$$

选 13Φ10 （$A_s = 1020\text{mm}^2$）

$$M_{\text{II}} = \frac{1}{48}(p_{j\max} + p_{j\min})(b - b_c)^2(2l + a_c)$$

$$= \frac{1}{48}(118.61 + 107.89)(2.4 - 0.4)^2(2 \times 2.9 + 0.4)$$

$$= 117.03\text{kN} \cdot \text{m}$$

$$A_{s\text{I}} = \frac{M_{\text{I}}}{0.9(h_0 - d)f_y} = \frac{117.03 \times 10^6}{0.9 \times (505 - 10) \times 360} = 730\text{mm}^2$$

按构造钢筋间距要求选配 16Φ10 （$A_s = 1256\text{mm}^2$）

注：短边钢筋放在长边钢筋内侧，所以有效计算高度差 10mm。

3. （B-C）柱基

基础高度　$H = 0.55\text{m}$（等厚）。

（1）基底净反力：$p_j = \dfrac{F}{lb} = \dfrac{1038.52 \times 2}{5.6 \times 3} = 123.63\text{kPa}$

（2）冲切验算：计算简图见图 8-8。

要求 $F_l \leqslant 0.7\beta_{\text{hp}}f_t u_m b_0$

$$a_c = b_c = 0.4\text{m}$$

$$u_m = (a_c + h_0) \times 4 = (0.4 + 0.505) \times 4 = 3.62\text{m}$$

$$\beta_{\text{hp}} = 1.0, f_t = 1.43\text{N/mm}^2$$

$$F_l = F_B - (a_c + 2h_0)^2 p_j = 1038.52 - (0.4 + 2 \times 0.505)^2 \times 123.63 = 792.73\text{kN}$$

$$0.7\beta_{\text{hp}}f_t u_m h_0 = 0.7 \times 1.0 \times 1.43 \times 3.62 \times 505 = 1829.93\text{kN} > F_l$$

满足要求。

（3）纵向内力计算

$bp_j = 3 \times 123.63 = 370.89\text{kN}$，弯矩和剪力的计算结果见图 8-9。

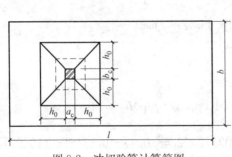

图 8-8　冲切验算计算简图

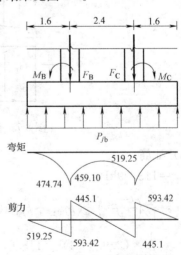

图 8-9　弯矩和剪力的计算结果

（4）抗剪验算

柱边剪力：$V_{max}=519.25kN$，$\beta_{hs}=1.0$。

$$0.7\beta_{hs}f_t bh_0=0.7\times1.0\times1.43\times3\times505=1516.52kN>V_{max}$$

满足要求。

（5）纵向配筋计算

板底层配筋：$A_s=\dfrac{M}{0.9h_0 f_y}=\dfrac{459.1\times10^6}{0.9\times505\times360}=2806mm^2$

选 $\Phi16@200$

板顶层配筋：按构造配筋 $\Phi10@200$

（6）横向配筋

柱下等效梁宽为：$\alpha_c+2\times0.75h_0=0.4+2\times0.75\times0.505=1.16m$

柱边弯矩：$M=\dfrac{F_B}{b}\times\dfrac{1}{2}\times\left(\dfrac{b-b_c}{2}\right)^2=\dfrac{1038.52}{3}\times\dfrac{1}{2}\times\left(\dfrac{3-0.4}{2}\right)^2$

$$=292.52kM\cdot m$$

$$A_s=\dfrac{292.52\times10^6}{0.9(505-16)\times360}=1846mm^2$$

选 $7\Phi20$（布置在柱下 1.16m 范围内）。

9 PKPM 软件在框架结构设计中的应用

9.1 PKPM 软件介绍

毕业设计除了需要对一榀具有代表性的框架进行手算分析外，还要求应用结构设计软件对手算结果进行复核比较并完成整个工程的结构分析及施工图。目前国内勘察设计部门最常用的是 PKPM 系列软件，本章对应用该软件进行框架结构设计的过程做简单介绍，并对软件中的一些重要参数设定加以说明。

PKPM 是由中国建筑科学研究院 PKPMCAD 工程部开发的一套集建筑设计、结构设计、设备设计及概预算、施工软件于一体的大型建筑工程综合 CAD 系统。该系统在国内率先实现建筑、结构、设备、概预算数据共享。从建筑方案设计开始，建立建筑物整体的公用数据库，全部数据可用于后续的结构设计，各层平面布置及柱网轴线可完全公用，并自动生成建筑装修材料及围护填充墙等设计荷载，经过荷载统计分析及传递计算生成荷载数据库。并可自动地为上部结构及各类基础的结构计算提供数据文件，如平面框架、连续梁、框剪空间协同计算、高层三维分析、砖混及底框砖房抗震验算等所需的数据文件。由于可自动生成结构设计的条件图，大大提高了结构分析的正确性及使用效率。

PKPM 系列结构类设计软件配有先进的结构分析软件包，包含了结构分析较成熟的各种计算方法，如平面杆系、矩形及异形楼板、高层三维壳元及薄壁杆系、梁板楼梯及异形楼梯、各类基础、砖混及底框抗震、钢结构、预应力混凝土结构分析等。全面反映了规范要求的荷载效应组合，设计表达式，抗震设计新概念要求的强柱弱梁、强剪弱弯、节点核心、罕遇地震以及考虑扭转效应的振动耦连计算方面的内容。该系统还具有丰富和成熟的结构施工图辅助设计功能，可完成框架、排架、连梁、结构平面、楼板配筋、节点大样、各类基础、楼梯、剪力墙等施工图绘制。并在自动选配钢筋，按全楼或层、跨、剖面归并，布置图纸版面，人机交互干预等方面独具特色。在砖混计算中可考虑构造柱共同工作，也可计算各种砌块材料，底框上砖房结构，CAD 适用任意平面的一层或多层底框。还可绘制钢结构平面图、梁柱及门式刚架施工详图，桁架施工图。

自 1988 年开发以来，国内外数以万计的工程应用证明了其适用性和正确性，但设计者在使用时仍应注意主要参数的合理设定，并对 PKPM 电算结果的合理性进行判断和修正，以确保设计成果的安全可靠、经济合理。

9.2 框架结构设计在 PKPM 系列软件中的实施步骤

9.2.1 PMCAD 全楼结构模型建立

9.2.1.1 主要参数

结构平面计算机辅助设计软件 PMCAD 是整个结构 CAD 的基础，它建立的全楼结构模型是 PKPM 各二维、三维结构计算软件的前处理部分，也是梁、柱、剪力墙、楼板等施工图设计软件和基础 CAD 的必备接口软件。PMCAD 还是建筑 CAD 与结构的必要接口，该模块中需要设定的主要参数有：

1. 总信息

（1）结构体系、结构主材、地下室层数：按实际取。

（2）与基础相连构件的最大底标高：一般基础顶面标高；有悬空柱墙（如不下地下室柱墙）时为此柱墙底标高。要说明的是除了平面荷载和最下层的荷载能传递到基础外，其他嵌固层的基脚内力现在的程序都不能传递到基础，须将此部分荷载作为附加荷载输入基础模型。

2. 材料信息

3. 地震信息

（1）设计地震分组：按抗震规范的附录 A 选择即可。

（2）场地类别：一般在地质勘察报告里都会提供此参数。

（3）计算振型个数：这个参数需要根据工程的实际情况来选择。一般的简单结构，振型数至少取 3（一般为 3 的倍数），当考虑扭转耦联计算时，振型数应不少于 9，对于多塔结构振型数应大于 12。对于复杂、多塔、平面不规则的就要多选，但是不要超过 $3n$（n 为层数）。高层一般取 15 就足够，只要保证计算振型数能使振型参与质量不少于总质量的 90%，即"有效质量系数"大于 90% 即可。

（4）周期折减系数：根据填充墙的多少来确定，填充墙多，对结构的周期影响大，周期折减系数就应取小些。一般可取框架：0.6～0.7；框剪：0.7～0.8；框架-核心筒：0.8～0.9；剪力墙：0.8～1.0。

4. 风荷载信息

修正后基本风压：即基本风压。按照规范，对普通多层，采用 50 年重现期基本风压，而对于高层（高度大于 60m），则采用 1.1 倍基本风压。根据《建筑结构荷载规范》GB 50009—2012 第 7.1.2 条，对与高层、高耸以及对风荷载比较敏感的其他结构，基本风压应适当提高，并应由有关的结构设计规范具体规定。按《高层建筑混凝土结构技术规程》JGJ 3—2010 中第 4.2.2 条，对于特别重要或对风荷载比较敏感的高层建筑，其基本风压应按 1.1 倍基本风压值采用。按规范的解释，房屋高度大于 60m 的都是对风荷载比较敏感的高层建筑。当多栋或群集的高层建筑间距较近时，宜考虑风力相互干扰的群体效应（一般可将单栋建筑的体形系数乘以相互干扰增大系数）。房屋高度大于 200m 或有高规 4.2.7 条所列情况之一时，宜进行风洞试验判断确定建筑物的风荷载。

9.2.1.2　设计操作步骤

在 PKPM 系列软件中选择"结构"模块→PMCAD→建筑模型与荷载输入，见图 9-1。

1. 轴线输入

本书例题模型为规整的四层钢筋混凝土框架结构，轴线输入时可采用"正交轴网"输入。步骤如下：主菜单→轴线输入→正交轴网，在对话框中分别输入开间和进深，单位为 mm，见图 9-2。实际工程大多轴网复杂，可按轴线输入菜单下节点和平行直线、圆、弧线、辐射线等相结合输入轴网。

图 9-1　PMCAD 建筑模型与荷载输入界面

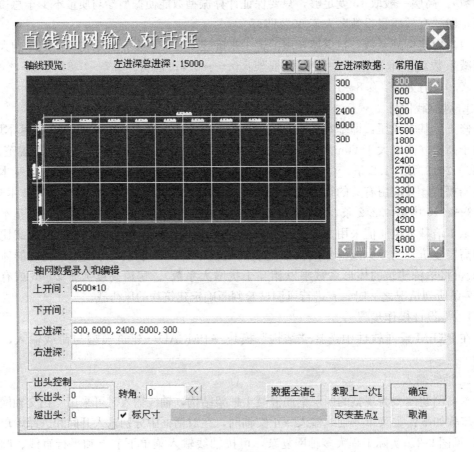

图 9-2　轴线输入

2. 轴线命名

直接点选该层菜单中的"轴线命名"或者进入"网格生成"子菜单形成网点，点"轴线命名"功能即可对已输入的轴线进行命名。由于本例中大多数轴线是有规律的，采用成批输入的方法更快捷（按 Tab 键可在几种输入方式中切换），弧轴线可不予命名，轴线名见图 9-3。

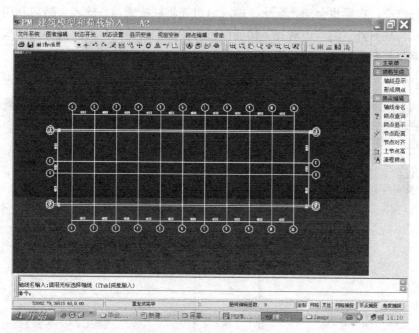

图 9-3　结构平面轴线及柱网

3. 网点编辑

进入"网点编辑"子菜单，点"删除节点"功能即可删除不必要的节点，PMCAD 中默认轴线交点即形成节点，对于简单规整的此例，可以不进行，但对于平面复杂、轴线数量多的结构，应删除不需要的节点，满足程序最大节点数限制。

4. 楼层定义

本例中定义了两个结构标准层：第一结构标准层梁柱布置见图 9-4。在布置构件前要

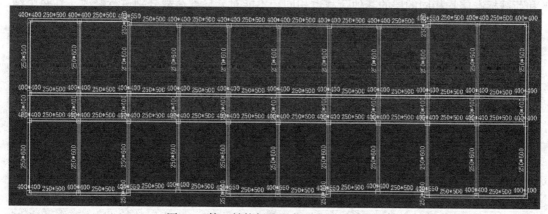

图 9-4　第一结构标准层截面定义与布置图

求先定义构件的截面形式和尺寸（点图 9-5 中的"新建"按钮），可根据经验初步估计该结构中的梁、柱、墙、洞口及斜杆的截面形式及尺寸，由于本例为框架结构，所以无墙（此处的"墙"指的是剪力墙或者砌体结构中的承重墙，框架结构中的填充墙以线荷载形式输入到墙下的梁上），因此也不可能有洞口。点取要布置的截面形式，再点图 9-5 中的"布置"按钮进行布置，此处需注意的是主梁和次梁采用同一套截面定义的数据，如对主梁截面进行修改，次梁也会随之变化。输入时可先将柱按无偏心输入，然后利用"偏心对齐"中"柱与柱对齐"的"边对齐"功能即可得到它们的精确位置。同样边轴线上的梁也可利用"梁与柱对齐"这一功能来对齐。

图 9-5　梁截面定义

图 9-6　层信息输入

　　布置次梁可点选"次梁布置"，由于本例中结构平面未设置次梁，可不布。第一结构标准层布置完毕后，通过"换标准层"进入第二标准层。第二结构标准层是将第一结构标准层通过"完全复制"得到，不需重新进行构件布置。需要说明的是，本例中两个结构标准层完全相同，定义两个标准层是为了对不同层局部荷载进行修改。软件默认结构标准层和荷载标准层均相同的层的其他荷载也相同，不能对其局部荷载分别进行修改。在每个结构标准层完成结构布置后，应根据实际情况对"本层信息"中的部分内容进行查看修改，本例将梁、柱的混凝土强度等级改为 C30，板厚改成 120mm，层高在此处可暂时不改，待楼层组装时再确定最终信息，见图 9-6。

　　本例采用近似方法处理楼梯间荷载，将楼梯间板厚改为 0，由程序自动将楼梯荷载导致周围的梁或墙上，此时忽略楼梯平台梁对框架的影响（否则平台梁应作为层间梁处理，可能使框架柱变为短柱）。将走道板板厚修改为 100mm。结构标准层楼面板厚布置如图 9-7 所示。

　　5. 荷载输入

　　本例只有楼面荷载（楼梯间荷载采用楼板厚度为 0 的近似导入方法，在此处一并输入），输入时忽略了墙荷载（因填充墙较少，且主要是窗）。由于层数较少，楼面活载折减

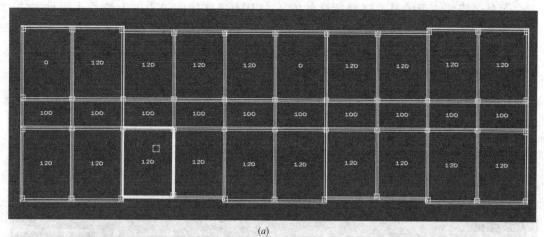

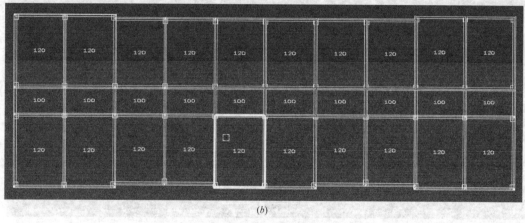

图 9-7 结构标准层楼面板厚布置

(a) 第一结构标准层楼面板厚布置；(b) 第二结构标准层楼面板厚布置

系数取 1.0，共有两个荷载标准层：第一荷载标准层是楼面荷载层，恒载标准值为 3.692kN/m² （输入的恒载中包括楼板及其面层、顶棚自重，梁、柱自重由程序自动计算；BC跨板厚先按 AB 跨输入，在下一步修改；也可以仅输入附加恒载 0.692kN/m²，板自重采用程序自动计算），活载标准值为 2.5kN/m²；第二荷载标准层是屋面荷载层，恒、活载标准值为 4.87kN/m² （也可以仅输入附加恒载 1.87kN/m²，板自重采用程序自动计算）和 0.7kN/m² （恒、活荷载的取值应根据工程实际情况，在满足荷载规范要求前提下）。

首先将第一荷载标准层走道的恒载修改为 3.692kN/m²，不对导荷方式进行变更，即采用程序默认的四边导荷方式，点选"输入完毕"，进入第二荷载标准层，将走道恒载修改为 4.87kN/m²。

应注意，此处"荷载修改"仅能对"荷载标准层"进行修改，当第一层输入完成后，程序自动跳动第四层，无法对第二、三层上的楼面荷载和次梁荷载进行修改，这是因为在"楼层组装"中定义第一到第三层的荷载标准层为同一个，所以在输入时要特别注意"荷载标准层"的定义，输入后荷载标准层楼面荷载分布图见图 9-8。

另外还需要注意的是：楼梯荷载的输入在 PMCAD 使用说明书上推荐了两种方法。一是将楼梯所在的房间的楼板厚改为 0，这种楼板有刚度并能够传递荷载，但绘图时不配筋。楼梯荷载能近似传导至周边梁或墙上，这种方法适用于支承边为墙的板式楼梯情况；对于通过梯梁→短柱→框架梁的板式楼梯的情况或梁式楼梯的情况，则不太符合实际传力方式，此时应根据实际楼梯传力路径指定传荷方式，将板设为单向板，直接传到两端梯梁上去，而不是程序的双向传力（板式楼梯）。另外楼梯间的平面恒载一般要大于其他楼面的平面恒载，可采用将每层楼梯恒载均布在楼梯间面积上的方法来估算。第二种方法是开洞，再把楼梯荷载按实际传力途径作为墙梁外加荷载输入，作为集中力布置到相应的梁上。本例中规整简单的两跑楼梯荷载输入采用第一种办法，估算楼梯恒载标准值为 8.0kN/m^2，楼梯活载标准值为 3.5kN/m^2（根据荷载规范选取）。

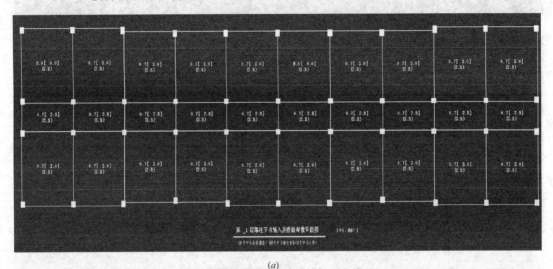

图 9-8　荷载标准层楼面荷载分布

(a) 第一荷载标准层楼面荷载分布图（括号中为活荷载值，单位 kN/m^2）；
(b) 第二荷载标准层楼面荷载分布图（括号中为活荷载值，单位 kN/m^2）

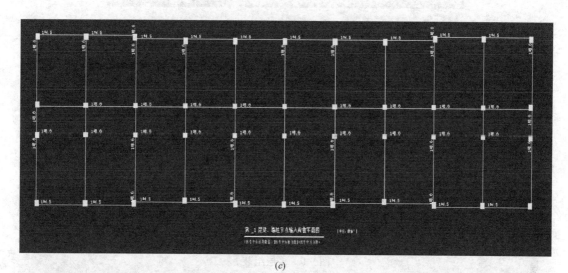

(c)

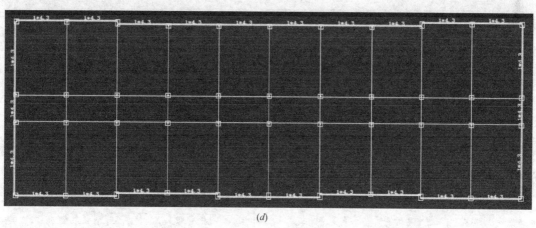

(d)

图 9-8 荷载标准层楼面荷载分布（续）

(c) 第一荷载标准层梁上荷载分布图（括号中为活荷载值，单位 kN/m）；

(d) 第二荷载标准层梁上荷载分布图（括号中为活荷载值，单位 kN/m）

输入完毕后，在"导荷方式"弹出框中点可选择对边传导或梯形三角形传导，周边布置等，不考虑活荷载折减（为与手算步骤中未考虑一致）。楼面荷载输入也可通过恒活设置，设置自动计算现浇楼板自重，恒载仅输入楼板装修荷载。

平面荷载显示校核，若上一步输入的荷载较多，对输入荷载的准确性没有把握，可进入主菜单 2 平面荷载显示校核进行查看。

6. 楼层组装

本例结构有四层：第一层采用第一结构标准层、第一荷载标准层，层高 5.2m；第二层、第三层仍采用第一结构标准层。第一荷载标准层，层高 3.6m；第四层采用第二结构标准层、第二荷载标准层，层高 3.6m。结构组装后的情况见图 9-9。

不要忘记对该菜单下的"设计参数"进行查看，对不符合本工程的参数应进行修改，否则程序自动设置这些参数，见图 9-10。

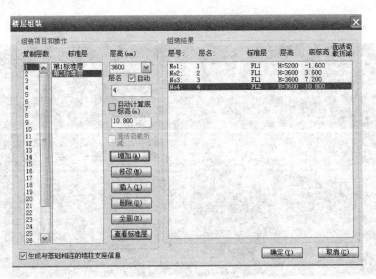

图 9-9 楼层组装

(a)

(b)

(c)

(d)

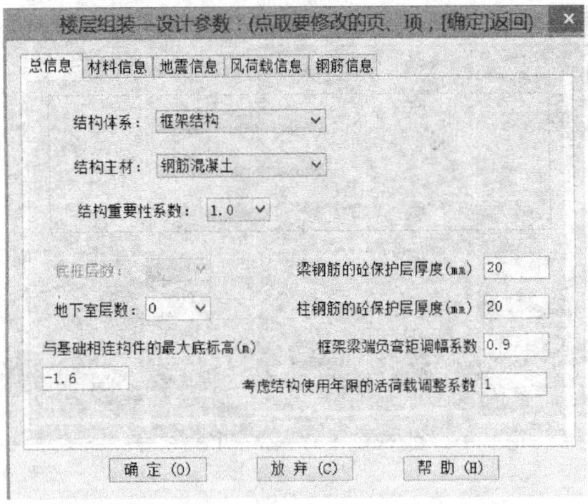

图 9-10 设计参数

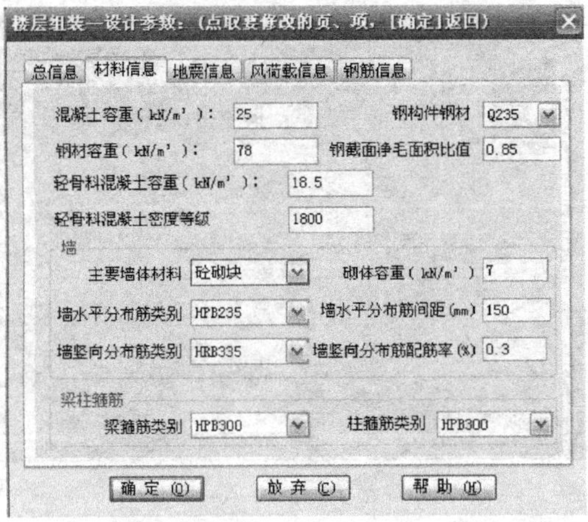

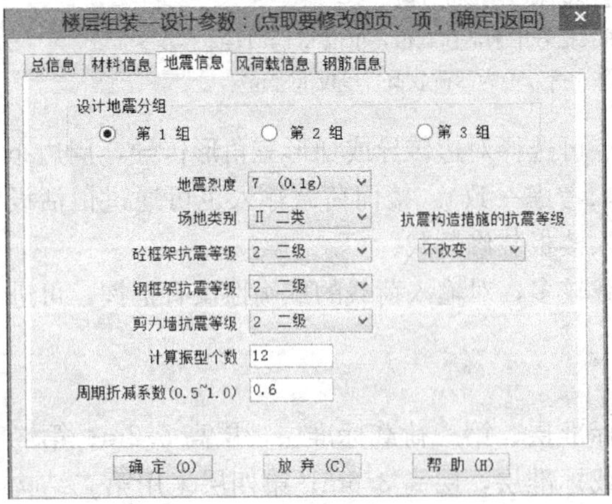

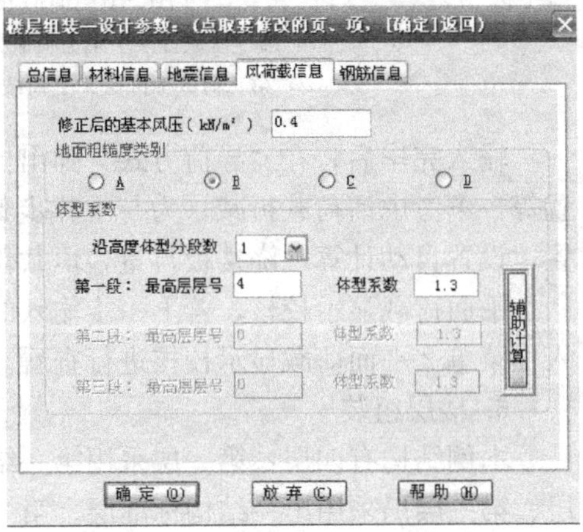

(a) 总信息输入；(b) 材料信息输入；(c) 地震信息输入；(d) 风荷载信息输入

本例中的主要参数选择如图 9-10 所示，其中有些参数需特别注意：框架梁端负弯矩调幅系数为 0.9（与手算一致；可在 0.8~1.0 范围内取值），此项会影响配筋计算；混凝土重度为 27kN/m³（通过人为增大来考虑构件抹灰的重度）；计算振型个数可按每个楼层三个自由度，取 4×3＝12，最大不能超过 12；周期折减系数取为 0.7（考虑墙体对结构刚度的影响）。

7. 退出主菜单 1

至此已完成整个结构的整体描述，可退出此菜单，回到 PMCAD 主菜单。退出时应存盘，同时需生成数据文件，用于以后的结构计算。

8. 形成 PK 文件

对较规则的框架结构，其框架和连续梁的配筋计算及施工图绘制可用 PK 模块来完成，而 PK 计算所需的数据文件可直接通过 PMCAD 主菜单 4"形成 PK 文件"生成。本例中没有次梁，故只生成框架文件，点选第八榀框架，输入文件名"PK-8"生成文件。如果结构输入中有次梁，那么在此菜单下还可生成包括连续次梁的计算数据文件，该数据文件名程序默认为 LL-01（亦可修改），有几个不同的连续次梁亦需输入对应的名称，如 LL1、LL2 等，用于施工图中各连梁的命名。由于两组连续梁画在同一张施工图上，故共用一个计算数据文件。

9. 画楼板配筋图

进入主菜单 3 后应首先对画平面图的参数进行查看和修改，然后进行绘制结构平面图工作。画板筋时最好采用逐间配筋方式，只画部分有代表性房间，其余用代号表示，以免图面过于杂乱。若采用 TAT 软件进行结构计算，该步应在执行完梁柱施工图主菜单 1 和 4 后才可自动标注梁柱编号。二层楼面板配筋图见第 10 章中的图 10-8。

对熟悉 AutoCAD 的用户，在该菜单下画完各层楼板配筋图后（图名为 PM＊.T，＊代表层号），可将它们转为".dwg"文件（该工作由菜单"图形编辑"打印及转换完成），对其进行进一步修改完善，也可在本菜单中对".T"文件进行直接修改。

9.2.2 PK 模块分析单榀框架内力

9.2.2.1 主要功能及参数

钢筋混凝土框排架及连续梁结构计算与施工图绘制软件 PK 模块具有二维结构计算和钢筋混凝土梁柱施工图绘制两大功能，模块本身提供一个平面杆系的结构计算软件，适用于工业与民用建筑中各种规则和复杂类型的框架结构、框排架结构、排架结构，剪力墙简化成的壁式框架结构及连续梁、拱形结构、桁架等，规模在 30 层 20 跨以内。在整个 PKPM 系统中，PK 承担了钢筋混凝土梁、柱施工图辅助设计的工作。该软件计算所需的数据文件可由 PMCAD 自动生成，也可通过交互方式直接输入（图 9-11、图 9-12）。

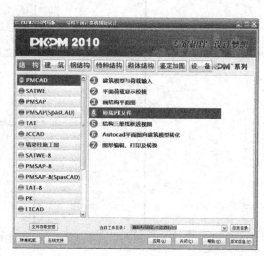

图 9-11　PM 模块形成 PK 文件

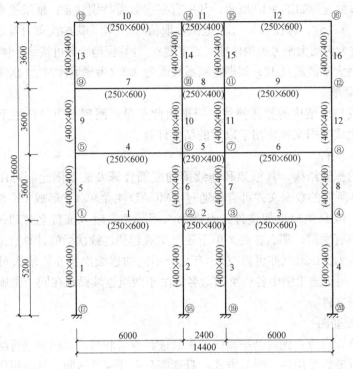

框架立面图(KLM.T)

图 9-12 (a)

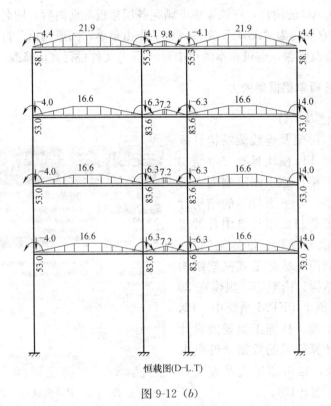

恒载图(D—L.T)

图 9-12 (b)

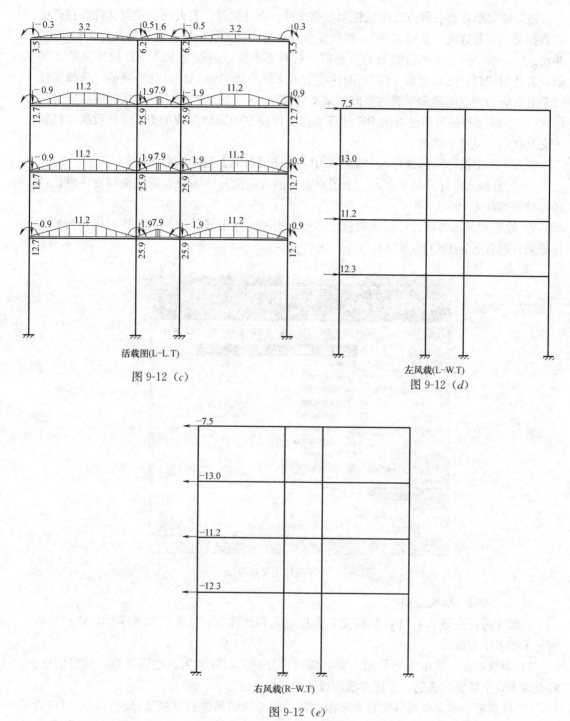

活载图(L-L.T)

图 9-12 (c)

左风载(L-W.T)

图 9-12 (d)

右风载(R-W.T)

图 9-12 (e)

(a) PM 模块形成 8 轴线 PK 计算框架简图；(b) PM 模块形成 8 轴线 PK 计算框架恒载简图；
(c) PM 模块形成 8 轴线 PK 计算框架活载简图；(d) PM 模块形成 8 轴线 PK 计算框架左风载简图；
(e) PM 模块形成 8 轴线 PK 计算框架右风载简图

1. 主菜单 1

PK 结构交互数据输入和计算（图 9-13）

进入该菜单，有三种方式生成框架数据文件：新建文件、打开已有交互文件、打开已有数据文件。若选用"新建文件"，程序要求分别输入框架的网格，进行构件定义和布置，并输入恒、活、风、吊车荷载及有关地震、材料等参数，过程与 PMCAD 的主菜单 1 类似；若选用"打开已有数据文件"，而这些数据文件是由 PMCAD 自动生成的，选择文件类型时，应为"空间建模形成的平面框架文件 PK－＊"或"空间建模形成的连续梁文件 LL－＊"。该菜单还可将已有的 PK 计算数据文件或 PMCAD 生成的 PK 计算数据文件转入交互状态，以便于修改。

新版 PK 中把计算部分合入主菜单 1 中，点击【计算】可实现如下功能：

1）屏幕提示将计算结果存入一个用户定义的数据文件，用户若未定义则程序默认的计算结果文件为 PK11.OUT。

2）绘制和显示各种计算结果的包络图和弯矩图。点击【计算结果】还可得到数据文件结果（隐含名为 PK11.OUT）。

图 9-13　PK 模块主菜单界面

2. 主菜单 2　框架绘图

必须在进行主菜单 1 "PK 结构交互数据输入和计算"后才能启动该菜单，启动后右侧显示如下子菜单：

1）参数修改　其中的参数输入共有四页，分别为归并放大、绘图参数、钢筋信息、补充输入，主要完成选筋、绘图参数的设置。

2）柱纵筋　本菜单可分别对柱平面内和平面外的钢筋进行审核及修改，如采用对话框，点取某一根柱后，屏幕上弹出该柱剖面简图，对话框左边是钢筋的直径、根数等参数供用户直接修改（图 9-14）。

3）梁上钢筋　修改梁支座及梁上部的钢筋。

4）梁下钢筋　修改梁下部的钢筋。

5）梁柱箍筋　可修改梁与柱箍筋的配置。

124

6）节点箍筋 修改柱上节点区的箍筋,此菜单仅在一、二级抗震时才起作用。

7）梁腰筋 参考《混凝土结构设计规范》GB 50010—2010第9.2.13条规定,在梁侧面配置纵向构造钢筋。

8）次梁 用户可通过此菜单查改次梁集中力及次梁下的吊筋配置。

9）悬挑梁 修改悬挑梁的参数,可把悬挑梁转变成端支承梁,或把端支承梁改成悬挑梁。

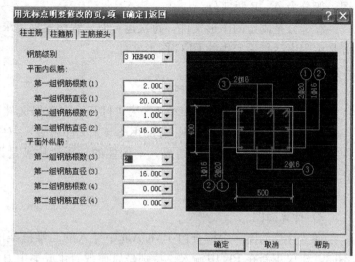

图9-14 对话方式修改框架柱配筋

10）弹塑位移 此菜单在地震烈度7度至9度时起作用,完成框架在罕遇地震下的弹塑性位移计算。

11）裂缝计算 考虑恒载、活载、风载标准值的组合,按《混凝土结构设计规范》GB 50010—2010第7.1.1条公式计算,最终绘出最大裂缝宽度图CRACK.T。

12）挠度计算 按《混凝土结构设计规范》GB 50010—2010第7.2节作梁的挠度计算,修改梁的上下钢筋可改变挠度值。

13）施工图 程序在这里给出每根梁柱详细的钢筋构造,归并钢筋并生成钢筋表,合并剖面计算出剖面总数,合并相同的层和跨,调整图面布置。

进入前面的绘图参数修改项选择有钢筋表和无钢筋表时的图面表达方式,若不画钢筋表,剖面归并仅依据截面尺寸和钢筋的根数、直径,比有钢筋表时剖面数量少得多,图纸表达直观且节省图面,缺点是无材料统计表。

3. 主菜单3 排架柱绘图

此菜单包括吊装验算、修改牛腿、修改钢筋和施工图子菜单。

排架柱要正确绘制的条件:1）必须布置吊车荷载;2）柱上端必须布置两端铰接的梁。否则程序不执行排架柱绘图程序。

4. 主菜单4 连续梁绘图

由PMCAD主菜单4生成的单根或多根连续梁的数据文件经PK主菜单1计算后,再用此菜单绘制连续梁施工图。

生成连续梁数据文件时,注意对于梁支承处支座的模型要确认它是支座还是非支座,这一点对计算和绘图影响很大。

5. 主菜单5、6绘制柱、梁施工图

主菜单2是按整榀框架出施工图,选择梁、柱整体画时,如层间高度太小会造成尺寸重叠,可改用主菜单5、6把框架柱和框架梁分开画。

6. 主菜单7、8绘制柱表、梁表施工图

画梁、柱施工表软件的研发参照了广东等地区的施工图表达方式。一张梁、柱表施工

图一般分为 A、B 两部分。

A 部分是固定的图形文件，每次运行时，程序根据要求自动调入图例说明文件。B 部分是由程序运行后产生的 CFG 图形文件。

9.2.2.2　步骤

1. PK 数据交互输入和计算

打开 PK 软件，进入主菜单 1，从"打开已有数据文件"窗口进入，调出由 PMCAD 空间建模形成的平面框架数据文件 PK-8（无文件后缀），对轴线⑧框架进行计算，计算结束后可在此菜单下查看计算结果，本例柱的轴压比均满足设计要求，其他计算结果也较正常。

1）参数输入

2）计算简图

在"计算简图"中检查由 PMCAD 中导入的二维框架的荷载是否合理。如果有明显不同，建议重新在 PK 中输入。特别是风荷载简化成集中力作用在柱顶时，实际是仅作用于室外地坪以上的结构部分，而 PK 自动计算是从框架柱底（即基础顶面）算起，且由 PM 中导出的风荷载考虑了阻尼比对计算风振系数 β_Z 的影响，而不是如手算简单取 $\beta_Z = 1$，因此手算风荷载与 PK 自动计算风荷载存在差异，如图 9-15 所示。

3）计算

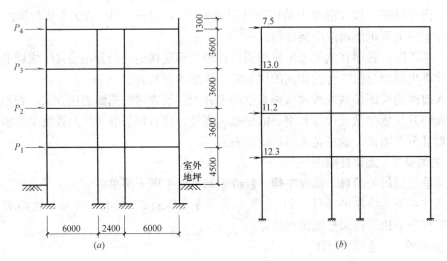

图 9-15　风荷载计算简图比较

(a) 手算风荷载计算简图；(b) PK 风荷载计算简图比较

点选"计算"菜单，由 PK 进行单榀框架内力计算，程序默认输入计算结果文件名为 "PK11-OUT"，点选"计算结果"，即可看到"PK11-OUT"文件中的各项输入参数与计算结果。逐一点选主菜单下的每个选项（图 9-16），在屏幕上可看到相应的内力计算结果。在 PK 文件目录中，找到生成的".T"文件，可在"modify 图形编辑"中打开，或者直接双击打开（CFG 模块），也可转换为 ．"dwg"文件。按照毕业设计要求，需要将此处生成的内力结果打印并附在计算书后。

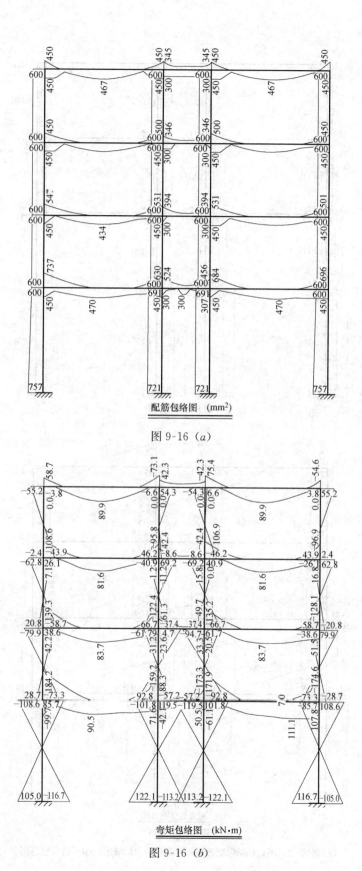

配筋包络图 （mm²）

图 9-16 （a）

弯矩包络图 （kN·m）

图 9-16 （b）

127

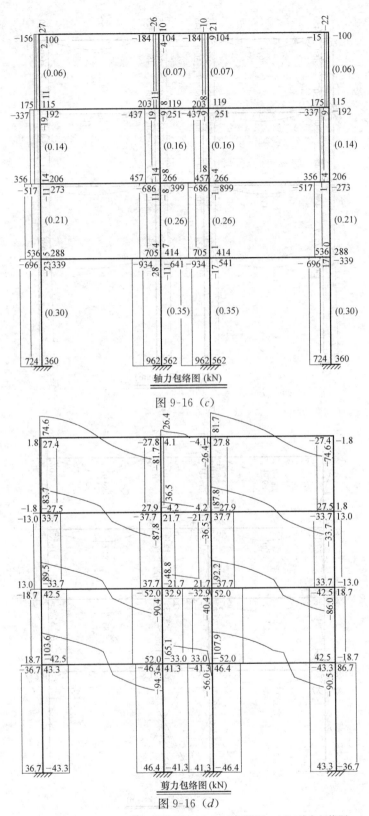

轴力包络图 (kN)

图 9-16 (c)

剪力包络图 (kN)

图 9-16 (d)

(a) 配筋包络图；(b) 弯矩包络图；(c) 轴力包络图；(d) 剪力包络图

2. 框架绘图

进入主菜单 2，采用人机交互方式建立绘图数据文件，此处将该图形的文件名定为 KJ-8（不能与数据文件 PK-8 同名，否则会产生数据紊乱），程序设定的绘图参数值大多符合本例要求，只需对个别参数进行修改。进入绘图工作之前，应查看框架梁的裂缝宽度及挠度，本例裂缝宽度及挠度均能满足规范要求。如框架梁的裂缝宽度或挠度不能满足规范要求，红色数据为超规范数值，应对框架梁的配筋进行修改，直至满足挠度和裂缝宽度要求。最后绘制出框架施工图，图名为 KJ-8.T，可转换成."dwg"文件后在 AutoCAD 中进行修改（图 9-17～图 9-19）。

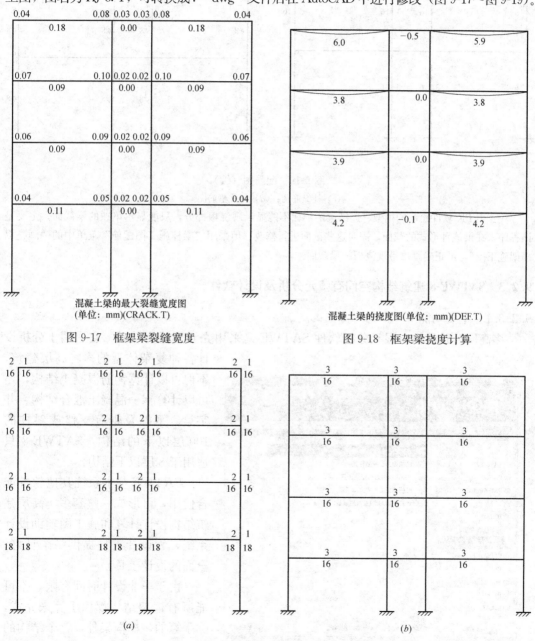

混凝土梁的最大裂缝宽度图
（单位：mm）(CRACK.T)

图 9-17　框架梁裂缝宽度

混凝土梁的挠度图(单位：mm)(DEF.T)

图 9-18　框架梁挠度计算

(a)

(b)

图 9-19　配筋图

(a) 梁上配筋图；(b) 梁下配筋图

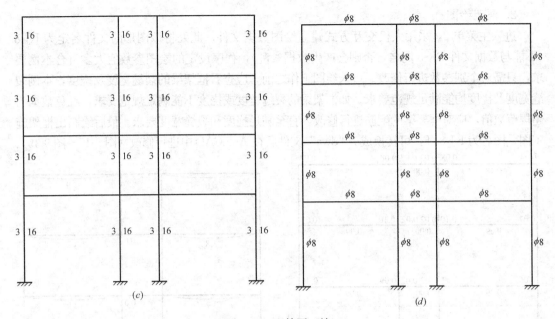

图 9-19　配筋图（续）

(c) 柱纵筋图；(d) 梁柱箍筋图

注：由 PK 软件绘制的框架、连续梁的剖面不能显示现浇板部分，只能显示单独的梁截面，主要是该程序未提供该种形式的截面，需对这些截面进行修改。但采用"梁柱施工图配筋"菜单中的"画整榀框架施工图"，可正确画出带现浇板的梁截面。

9.2.3　SATWE-8 建筑结构空间有限元分析及设计软件

9.2.3.1　主要功能

多高层建筑结构有限元分析软件 SATWE 是采用壳元理论为基础，它适用于分析设计各种复杂体型的多、高层建筑，不但可以计算钢筋混凝土结构，还可以计算钢—混凝土混合结构、井字梁、平框及带有支撑或斜柱的 100 层以下的结构，SATWE-8 只适用于 8 层以下结构。

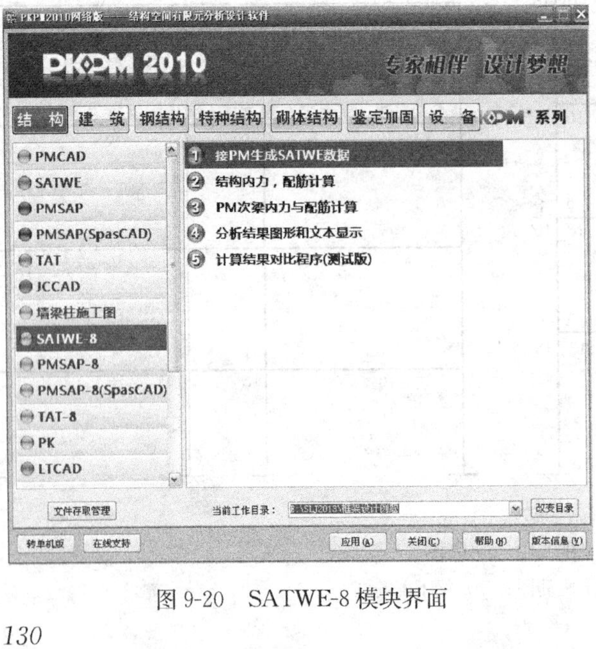

SATWE 与本系统其他软件配合使用，可形成一整套多、高层建筑结构设计计算和施工图辅助设计系统，为设计人员提供一个良好、全面的设计工具。

由于毕业设计时间有限，不可能所有框架结构都用手算来完成，除手算的一榀框架外，整个结构的其他构件都由软件来设计，以保证结构施工图的完整性，这部分的工

图 9-20　SATWE-8 模块界面

作一般都是由 SATWE 来完成，模块界面见图 9-20。

9.2.3.2 设计操作步骤

1. 进入主菜单 1

"接 PM 生成 SATWE 数据"，勾选弹出框中的选项，如图 9-21 所示，如对输入参数有更改，则点选"补充输入及 SATWE 数据生成"菜单下"1. 分析与设计参数补充定义"菜单，依次修改各参数；"2. 特殊构件定义"菜单，可以定义角柱，一端铰接梁，两端铰接梁；"3. 温度荷载定义"菜单，温度荷载主要是考虑温度应力对结构的影响，通过指定结构节点的温度差来定义结构温度荷载。一般情况下无需定义，即在结构长度（伸缩缝间距按规范留置）、长度比等满足规范要求，或没有特殊使用功能的情况下，可以不定义温度荷载。实际工程中，因为使用功能要求，或者结构平面复杂留设伸缩缝困难，造成结构超长（规范规定框架结构伸缩缝最大间距：室内或土中环境，现浇结构 55m，装配结构 75m；露天环境，现浇 35m，装配结构 50m。常用的框架结构一般为现浇室内环境，取 55m）；或有特殊使用功能，如冶炼类工业建筑、某些化工建筑、冷库等，使用过程中存在局部或整体急剧升降温情况时，并因温差较大造成结构温度应力明显，就要进行温度荷载定义。温差指结构某部位当前温度值与该部位自然状态（长期状态）时的温度差值，升温为正，降温为负。"4. 特殊风荷载定义"菜单，高大空旷建筑时需要定义特殊风荷载；"5. 多塔结构定义"菜单，可以定义多塔楼结构，查看多塔平立面，形成多塔数据文件等。如修改 SATWE 柱子的混凝土强度等之后；"6. 生成 SATWE 数据文件及数据检查"后点选操作菜单，程序自动生成 SATWE 数据文件，分别为：几何文件 DATA. SAT 和荷载文件 LOAD. SAT。形成数据文件时，输入数据如有错误，程序自动提醒返回数据输入菜单，形成数据文件后，可进入"9. 查看数检报告"。

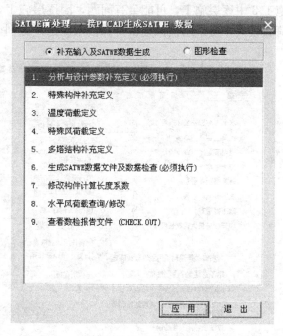

图 9-21 弹出框信息

2. 进入主菜单

"补充输入及 SATWE 数据生成"，在该菜单中的"分析与设计参数补充定义"子菜单中可对每个参数进行选择修改，主要参数为：

（1）总信息（图 9-22）

1）水平力与整体坐标的夹角：主要用于有斜向抗水平力结构时填写，在 0°～90°之间。

2）转换层所在层号：有框支转换层时填写。

3）嵌固端所在层号：嵌固端在基顶填 1，在地下室顶板作为嵌固部位时，嵌固端所在层号为地上一层，即地下室层数＋1；程序缺省的嵌固端所在层号为"地下室层数＋1"，如修改了地下室层数，应注意确认嵌固端所在层号是否相应修改。

4）恒活荷载计算信息：程序有五个选择。

①"不计算恒活荷载"：它的作用主要用于对水平荷载效应的观察和对比等。

②"一次性加载"：主要用于多层结构，而且多层结构最好采用这种加载计算法。因为施工的层层找平对多层结构的竖向变位影响很小，所以不要采用模拟施工方法计算。

③"模拟施工加载1；模拟施工加载2"：均采用了一次集成结构刚度，分层施加恒载，只计入加载层以下的节点位移量和构件内力的做法，来近似模拟考虑施工过程的结构受力，二者的不同之处在于，"模拟施工加载2"在集成总刚时，对墙柱的竖向刚度进行了放大，以缩小墙柱之间的轴向变形差异，更合理的给基础传递荷载。采用这种方法计算出的传给基础的力比较均匀合理，可以避免墙的轴力远远大于柱的轴力的不合理情况。

④"模拟施工加载3"：是采用由用户指定施工次序的分层集成刚度，分层加载进行恒载下内力计算。该方法可以同时考虑刚度的逐层形成及荷载的逐层累加，更符合施工过程的实际情况，内力、配筋计算更为准确。一般常规结构均可采用此计算方法。

⑤"转换层结构"，下层荷载由上层构件传递的结构形式，巨型结构等，如采用模拟施工3中逐层施工，可能会有问题，因逐层施工，可能减少上部构件刚度贡献而导致上层荷载丢失，可采用模拟施工1和模拟施工3分别计算，比较使用。

图9-22　SATWE-8参数修正-总信息输入

5）"强制性刚性楼板"：勾选时，仅用于位移比的计算，构件设计则不应选择，因此在设计时通常需要进行两次计算。

（2）地震信息（图9-23）

1）竖向地震作用系数：总信息中已选仅"计算水平地震"，此项无作用，如前选"计算水平和竖向地震"，则对于九度高层建筑，程序自动填入 $0.73125\alpha_{max}$。

2）地震设防烈度、设计地震分组、结构的抗震等级、场地土类型等：按结构的实际填入即可（本例题中教学楼为重点设防类，抗震等级须提高一级，为二级抗震，见抗震规范要求）。

3）振型个数如前选择，应保证振型参与系数达到90%以上。

4）双向水平地震作用扭转效应选择：如果选择，地震力将增大很多，所以在选用的时候要慎重。一般规则框架无需选择，如结构质量与刚度分布明显不对称、不均匀，应计算双向水平地震作用下的扭转影响。

5）5%的偶然偏心：计算单向地震作用时应考虑偶然偏心的影响，计算双向地震作用时，可不考虑质量偶然偏心的影响。另外多层规则框架结构也不要考虑此项（本例中平面布置非完全对称，主要是楼梯布置不对称，可考虑偶然偏心影响；如计算后结构位移比大于 1.20，尚须考虑双向地震影响）。

6）结构的阻尼比：程序提供的参考值为钢筋混凝土结构取 0.05，钢结构取 0.02，混合结构取 0.03。

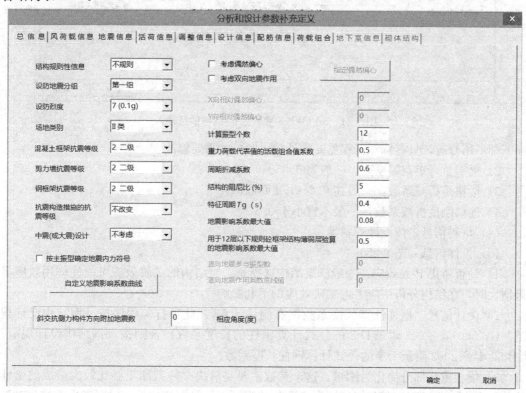

图9-23 SATWE-8参数修正-地震信息输入

（3）调整信息（图9-24）

1）"顶部塔楼放大系数"。在结构建模如将顶部塔楼或出屋顶楼梯间作为结构的一部分输入，在采用振型分解法计算地震作用时，可采用程序设计参数中的默认值 0，一般情

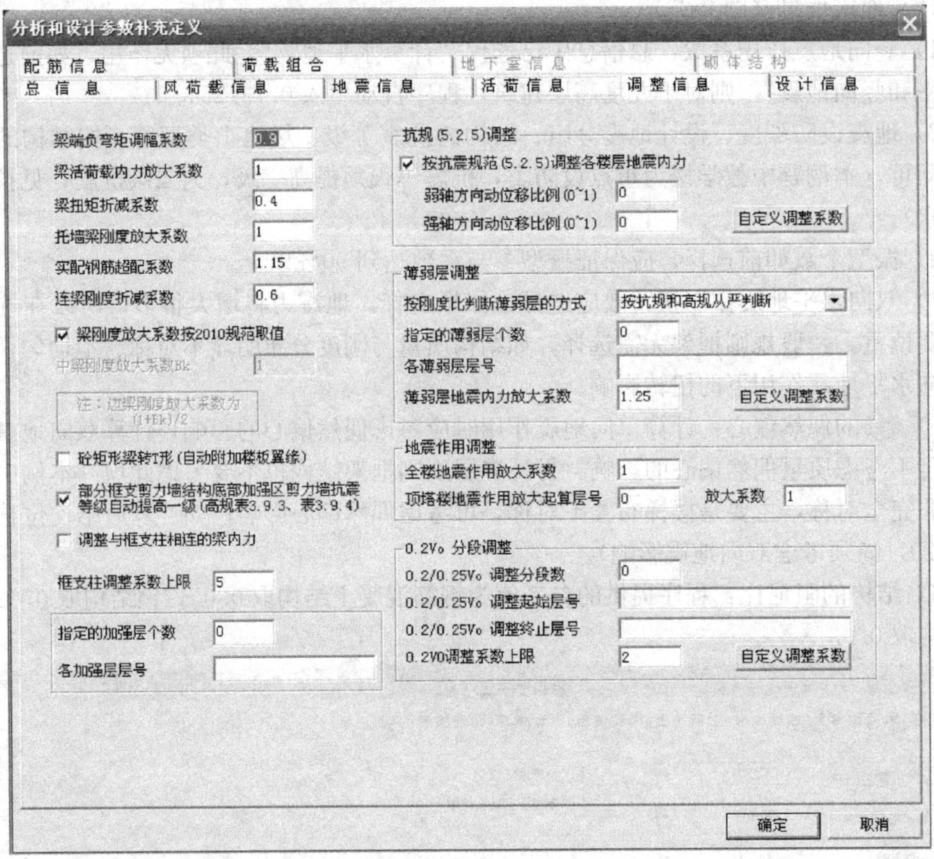

图 9-24　SATWE-8 参数修正-调整信息输入

况下都不用修改，只有特殊工程需要额外放大时，才需要修改。

2）梁端负弯矩调幅系数：一般为 0.85～0.9；

3）梁扭矩折减系数：一般在 0.4～1.0 间取值；

4）连梁刚度折减系数：一般不宜小于 0.5。

（4）材料信息，按设计资料填写

（5）设计信息（图 9-25）

1）是否考虑 P-Δ 效应：一般框架结构选择是。当结构的二阶效应可能使作用效应显著增大时，在结构分析中应考虑二阶效应的不利影响。

2）设计信息"钢柱计算长度系数按有侧移计算"：此项打勾程序按《钢结构设计规范》GB 50017—2003 附录 D-2 的公式计算钢柱的长度系数；否则按《钢结构设计规范》GB 50017—2003 附录 D-1 的公式计算钢柱长度系数。

3）梁柱重叠部分简化为刚域：这个参数主要是解决梁柱截面重叠比较大造成的梁计算跨度发生变化进而使其负弯矩区发生变化的问题。一般在梁柱较大时可考虑刚域；对于普通的多层框架，一般都不考虑。考虑梁端刚域的影响：指按高规 5.3.4 条计算刚域。

4）柱配筋方式选择：有两种方式，单偏压和双偏压。单偏压程序就是按规范的公式进行配筋计算的。双偏压，程序是按数值积分法计算的，所以对于不同的"柱截面钢筋放置方式"就会得出不同的配筋计算结果。双向地震与双偏压无对应关系，如果在特殊构件

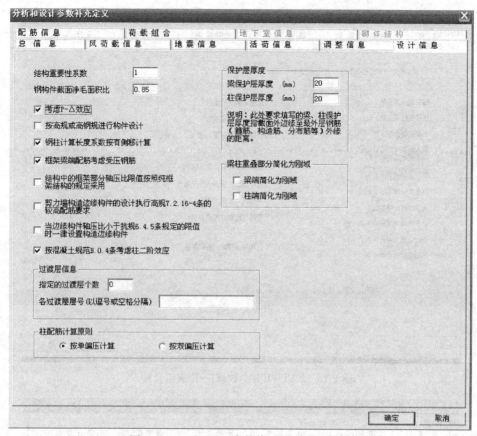

图 9-25　SATWE-8 参数修正-设计信息输入

定义中指定了角柱，程序自动按双偏压计算。

（6）荷载组合（图 9-26）

1）分项系数和组合系数：采用程序给出的隐含值。如有特殊组合，可自定义输入。

2）活荷载重力荷载代表值系数：按《建筑抗震设计规范》GB 50011—2010 的 5.1.3 条取。

（7）风荷载信息（图 9-27）

此菜单下要求输入结构的基本自振周期，程序给出的隐含值是按《高层建筑混凝土结构技术规程》JGJ 3—2010 的附录 C 的公式 C.0.2 计算的。一般要将程序计算的精确值反填回来，再重新计算一遍。

点选菜单 6 中的"生成 SATWE 数据文件及数据检查"，运行程序，结束后点选"退出"。

3. 进入主菜单 2

"结构内力、配筋计算"，出现弹出框（图 9-28）。

算法选择：

"侧刚"，这是一种简化计算方法，只适用于采用楼板平面内无限刚假定的普通建筑和采用楼板分块平面内无限刚假定的多塔建筑。对于这类建筑，每层的每块刚性楼板只有两个独立的平动自由度和一个独立的转动自由度，"侧刚"就是依据这些独立的平动和转动自由度而形成的浓缩刚度阵。优点是分析效率高，由于浓缩以后的侧刚自由度很少，所以计算速度很快。但"侧刚计算方法"的应用范围是有限的，当定义有弹性楼板或有不与楼

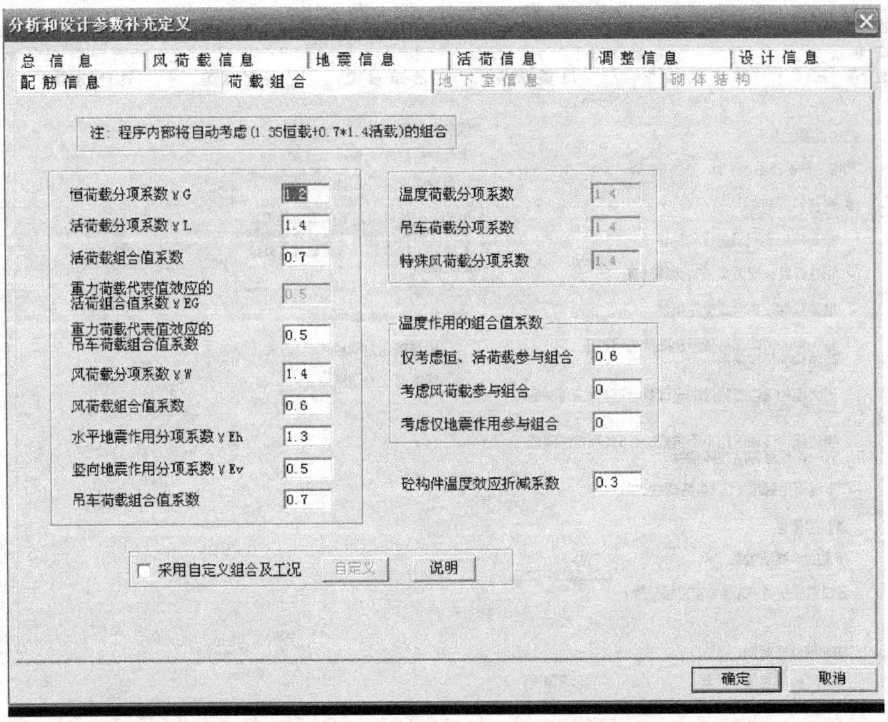

图 9-26 SATWE-8 参数修正-荷载组合输入

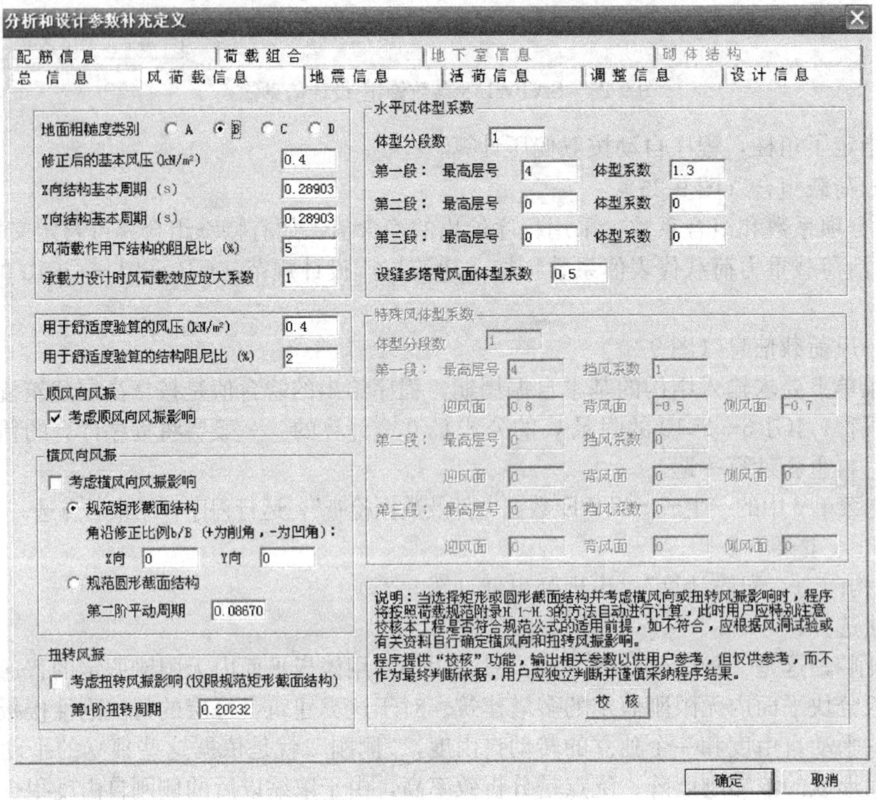

图 9-27 SATWE-8 参数修正-风荷信息输入

板相连的构件时（如错层结构、空旷的工业厂房、体育馆所等），"侧刚"是近似的，会有一定的误差，若弹性楼板范围不大或不与楼板相连的构件不多，其误差不会很大，精度能够满足工程要求；否则"侧刚"算法不适用，而应该采用"总刚"算法。

"总刚"，就是直接采用结构的总刚和与之相应的质量阵进行地震反应分析。这种方法精度高，适用范围广，可以准确分析出结构每层每根构件的空间反应，通过分析计算结果，可发现结构的刚度突变部位，连接薄弱的构件以及数据输入有误的部位等。其不足之处是计算量比"侧刚"的计算量大。

对于没有定义弹性楼板且没有不与楼板相连构件的工程，"侧刚"和"总刚"的结果是一致的。

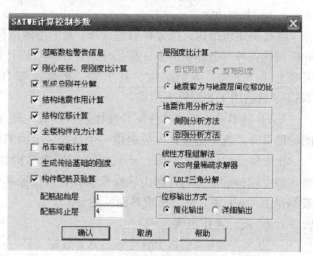

图 9-28　弹出框信息

4. 进入主菜单 3

"PM次梁内力与配筋计算"，察看各个选项。程序会自动生成一系列".out"的文件，可以在分析的目录下找到，用"记事本"或"写字板"等程序打开。布置有次梁时选此选项。

5. 进入主菜单 4

"分析结果图形和文本显示"，察看各个选项。程序会自动生成一系列".out"的文件，可以在分析的目录下找到，用"记事本"或"写字板"等程序打开。

6. 点选"墙梁柱施工图"模块

如图 9-29 所示，进行结构梁柱的施工图绘制。生成的".T"文件可转换为".dwg"

图 9-29　梁柱施工图绘制菜单

文件，有关平法施工图见下一章内容。

9.2.4 TAT-8 空间框架分析及平法配筋施工图绘制

9.2.4.1 主要功能

多高层建筑结构三维分析软件 TAT 是采用薄壁杆件原理的空间分析程序，它适用于分析设计各种复杂体型的多、高层建筑，不但可以计算钢筋混凝土结构，还可以计算钢—混凝土混合结构、纯钢结构、井字梁、平框及带有支撑或斜柱的 100 层以下的结构，TAT-8 只适用于 8 层以下结构。

TAT 与本系统其他软件配合使用，可形成一整套多、高层建筑结构设计计算和施工图辅助设计系统，为设计人员提供一个良好、全面的设计工具。

由于毕业设计时间有限，不可能所有框架结构都用手算来完成，除手算的一榀框架外，整个结构的其他构件都由软件来设计，以保证结构施工图的完整性，这部分的工作一般都是由 TAT 来完成，模块界面见图 9-30。

9.2.4.2 设计操作步骤

1. 进入主菜单 1 "接 PM 生成 TAT 数据文件"

勾选弹出框中的选项，如图 9-31 所示，如对输入参数有更改，则进入 "分析与设计参数补充定义" 依次修改各参数。修改 TAT 柱子的混凝土强度等后，TAT 需要在 "数据检查" 后点选操作菜单 "结束本层" 中的 "进入下层"，检查每一个楼层，点选 "结束退出" 后，程序自动生成 TAT 数据文件，分别为：几何文件 DATA.TAT 和荷载文件 LOAD.TAT。

图 9-30 TAT-8 模块界面

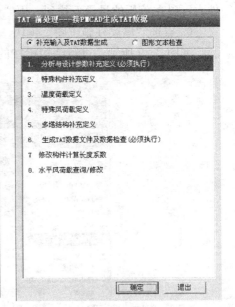

图 9-31 弹出框信息

2. 进入菜单 "数据检查和图形检查"

在该菜单中的 "分析与设计参数补充定义" 子菜单中可对每个参数进行选择修改，主要参数为：

（1）总信息（图 9-32）

1）恒载计算模型：程序有五个选择，详见前 SATWE-8 应用。

2）水平力与整体坐标的夹角：主要用于有斜向抗水平力结构时填写，在 $0° \sim 90°$ 之间。

3）"强制性刚性楼板"：勾选时，仅用于位移比的计算，构件设计则不应选择，因此在设计时通常需要进行两次计算。

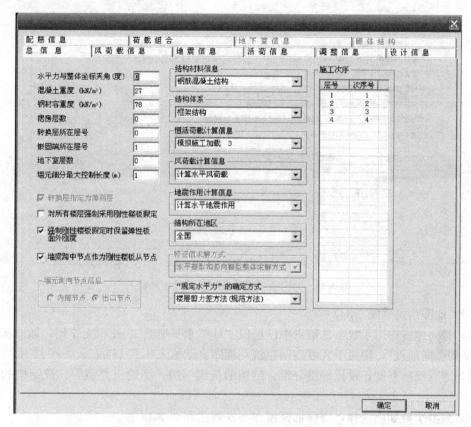

图 9-32　TAT-8 参数修正-总信息输入

（2）设计信息（图 9-33）

1）是否考虑 P-Δ 效应：一般选择是。

2）是否考虑梁柱重叠的影响：这个参数主要是解决梁柱截面重叠比较大造成的梁计算跨度发生变化进而使其负弯矩区发生变化的问题。一般在梁柱较大时可考虑刚域；对于普通的多层框架，一般都不考虑。

考虑梁端弯矩折减：$M_边 = M_中 - M_{in}(0.38 \times M_中，B \times V_中/3)$；

考虑梁端刚域的影响：指按高规 5.3.4 条计算刚域。

3）柱配筋方式选择：有两种方式，单偏压和双偏压。单偏压程序就是按规范的公式进行配筋计算的。双偏压，程序是按数值积分法计算的，所以对于不同的"柱截面钢筋放置方式"就会得出不同的配筋计算结果。双向地震与双偏压无对应关系，如果在特殊构件定义中指定了角柱，程序自动按双偏压计算。

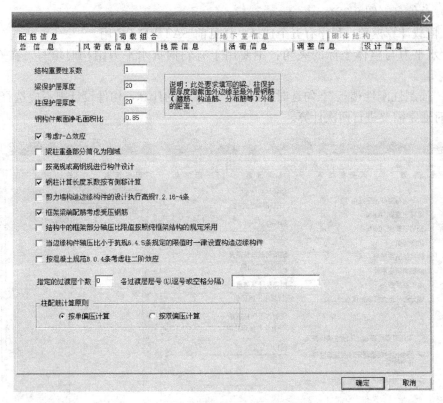

图 9-33 TAT-8 参数修正——设计信息输入

（3）地震信息（图 9-34）

1）竖向地震作用系数：总信息中已选仅"计算水平地震"，此项无作用，如前选"计算水平和竖向地震"，则对于九度高层建筑，程序自动填入 $0.73125\alpha_{max}$。

2）地震设防烈度、设计地震分组、结构的抗震等级、场地土类型等：按结构的实际填入即可。

3）振型个数如前选择，应保证振型参与系数达到 90% 以上。

4）双向水平地震作用扭转效应选择：如果选择，地震力将增大很多，所以在选用的时候要慎重。一般规则框架无需选择，如结构质量与刚度分布明显不对称、不均匀，应计算双向水平地震作用下的扭转影响。

5）5% 的偶然偏心：计算单向地震作用时应考虑偶然偏心的影响，计算双向地震作用时，可不考虑质量偶然偏心的影响。另外多层规则框架结构也不要考虑此项。

6）结构的阻尼比：程序提供的参考值为钢筋混凝土结构取 0.05，钢结构取 0.02，混合结构取 0.03。

（4）调整信息（图 9-35）

1）"顶部塔楼放大系数"。在结构建模如将顶部塔楼或出屋顶楼梯间作为结构的一部分输入，在采用振型分解法计算地震作用时，可采用程序设计参数中的默认值 0，一般情况下都不用修改，只有特殊工程需要额外放大时，才需要修改。

2）温度应力折减系数：一般不需要考虑此项。如考虑，则推荐 0.75 或更低。《混凝土结构设计规范》GB 50010—2010 的 5.3.6 条只是提出了原则性的要求。可以参见《水

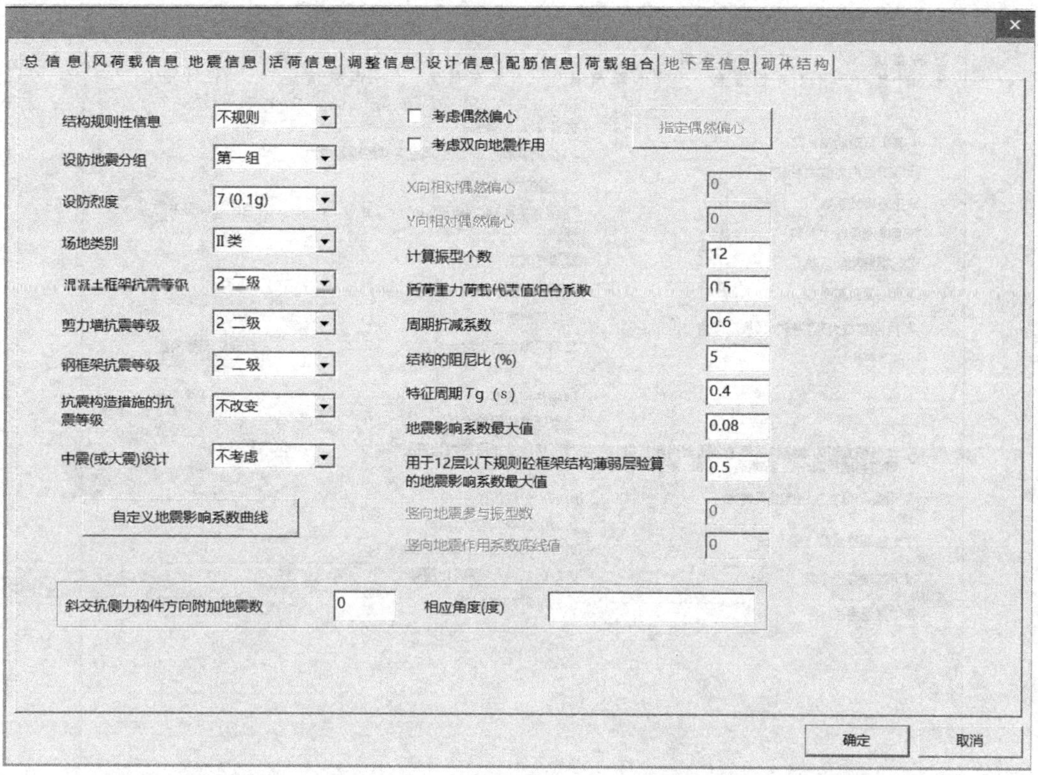

图 9-34　TAT-8 参数修正—地震信息输入

工混凝土结构设计规范》DL/T 5057—2009。

（5）材料信息，按设计资料填写

（6）荷载组合（图 9-36）

1）分项系数和组合系数：采用程序给出的隐含值。如有特殊组合，可自定义输入。

2）活荷载重力荷载代表值系数：按《建筑抗震设计规范》GB 50011—2010 的 5.1.3 条取。

（7）风荷信息（图 9-37）

此菜单下要求输入结构的基本自振周期，程序给出的隐含值是按《高层建筑混凝土结构技术规程》JGJ 3—2010 的附录 B 的公式 B.0.2 计算的。一般要将程序计算的精确值反填回来，再重新计算一遍。点选主菜单 6 中的"生成 TAT 数据文件及数据检查"，运行程序，结束后点选"退出"。

3. 进入主菜单 2"结构内力、配筋计算"

出现弹出框（图 9-38）。

算法选择：

"侧刚"，这是一种简化计算方法，只适用于采用楼板平面内无限刚假定的普通建筑和采用楼板分块平面内无限刚假定的多塔建筑。对于这类建筑，每层的每块刚性楼板只有两个独立的平动自由度和一个独立的转动自由度，"侧刚"就是依据这些独立的平动和转动自由度而形成的浓缩刚度阵。优点是分析效率高，由于浓缩以后的侧刚自由度很少，所以计算速度很快。但"侧刚计算方法"的应用范围是有限的，当定义有弹性楼板或有不

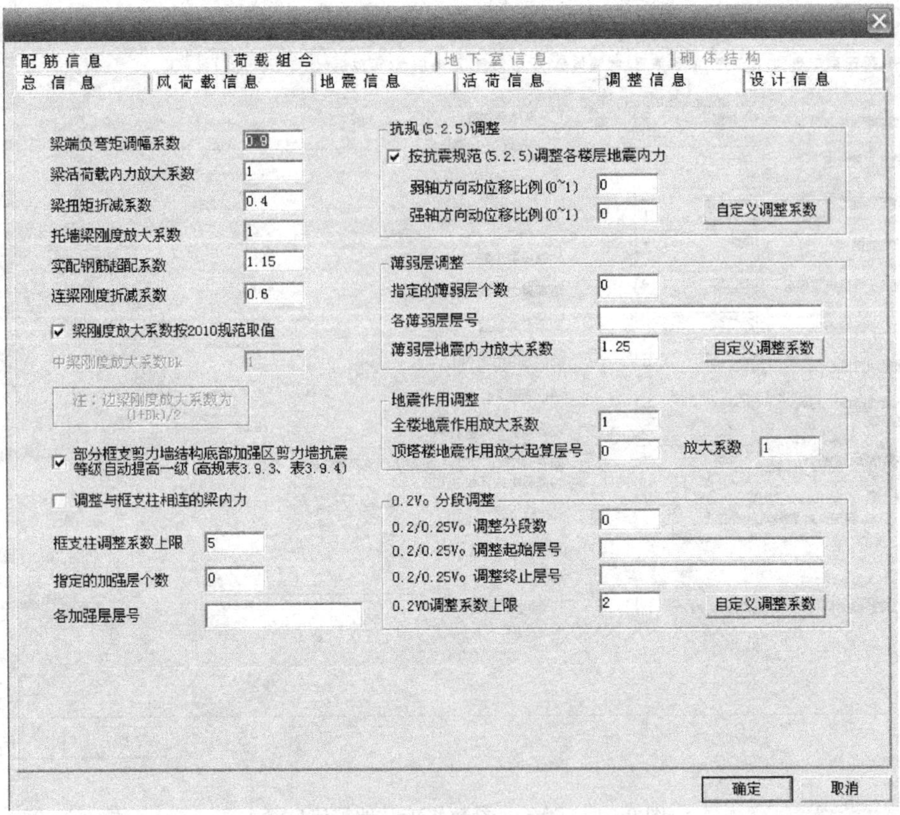

图 9-35　TAT-8 参数修正—调整信息输入

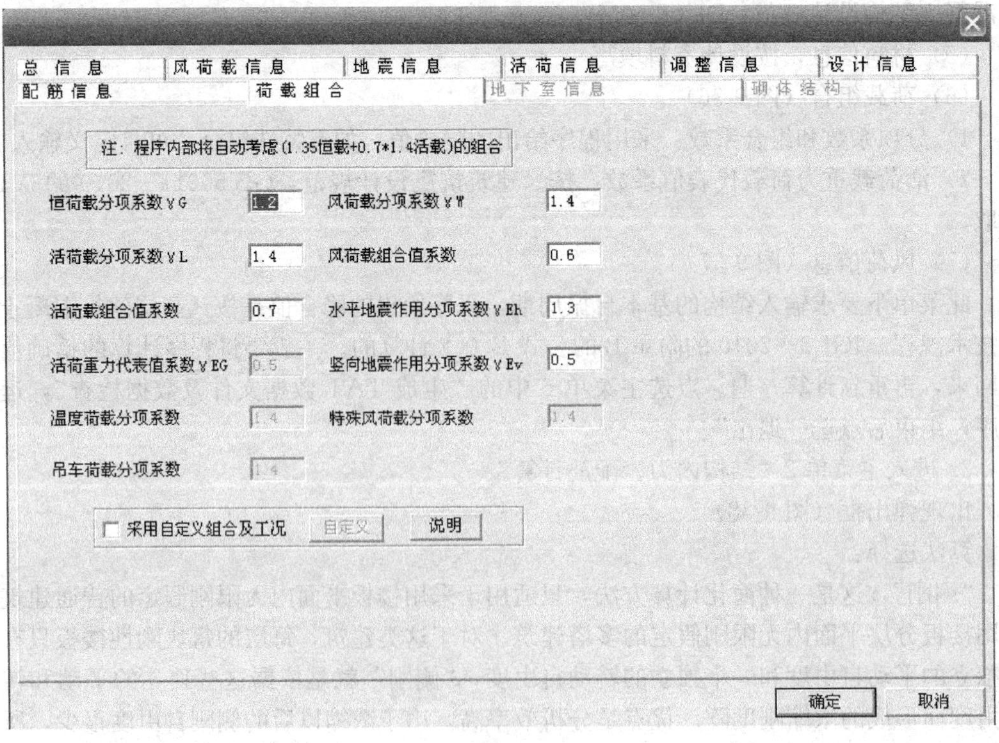

图 9-36　TAT-8 参数修正—荷载组合信息输入

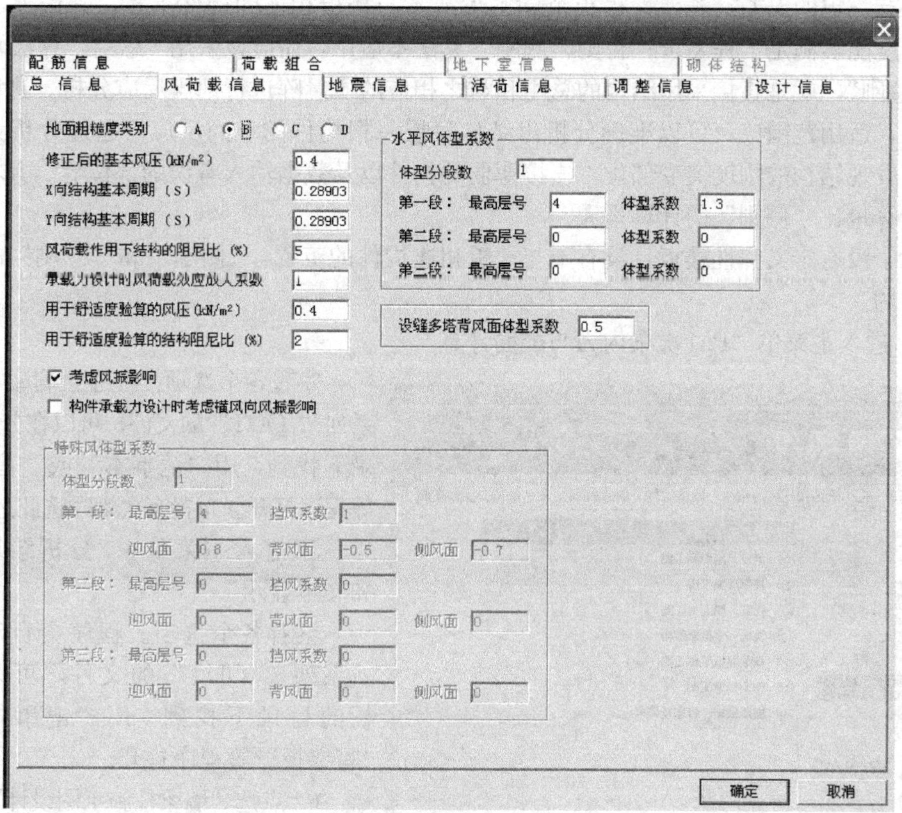

图 9-37　TAT-8 参数修正—风荷载信息输入

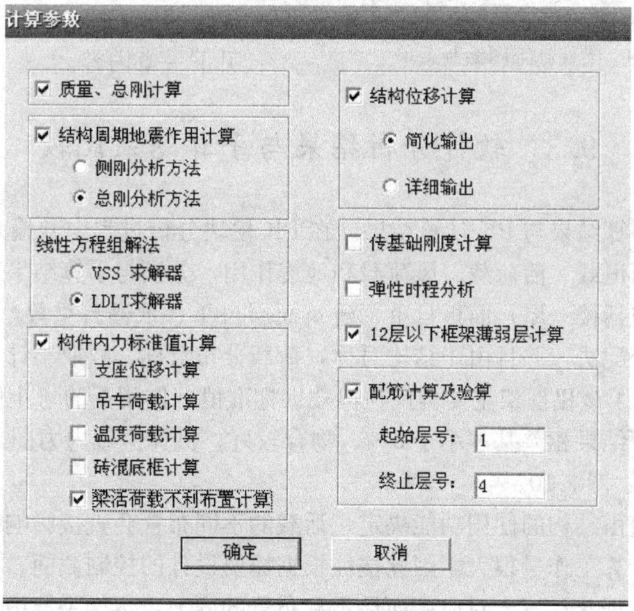

图 9-38　计算参数弹出框

与楼板相连的构件时（如错层结构、空旷的工业厂房、体育馆所等），"侧刚"是近似的，会有一定的误差，若弹性楼板范围不大或不与楼板相连的构件不多，其误差不会很大，精度能够满足工程要求；否则"侧刚"算法不适用，而应该采用"总刚"算法。

"总刚"，就是直接采用结构的总刚和与之相应的质量阵进行地震反应分析。这种方法精度高，适用范围广，可以准确分析出结构每层每根构件的空间反应，通过分析计算结果，可发现结构的刚度突变部位，连接薄弱的构件以及数据输入有误的部位等。其不足之处是计算量比"侧刚"的计算量大。

对于没有定义弹性楼板且没有不与楼板相连构件的工程，"侧刚"和"总刚"的结果是一致的。

4. 进入主菜单"PM次梁内力与配筋计算"

图 9-39 梁柱施工图绘制菜单

察看各个选项。程序会自动生成一系列".OUT"的文件，可以在分析的目录下找到，用"记事本"或"写字板"等程序打开。布置有次梁时选此选项。

5. 进入主菜单 4"分析结果图形和文本显示"

察看各个选项。程序会自动生成一系列".OUT"的文件，可以在分析的目录下找到，用"记事本"或"写字板"等程序打开。

6. 点选"墙梁柱施工图设计"模块

如图 9-39 所示，进行结构梁柱的施工图绘制。生成的".T"文件可转换为".dwg"文件，有关平法施工图见下一章内容。

9.3 软件分析结果与手算结果比较

本节对比了手算结果与 PK 计算结果。在 PK 模块分析过程中共输入以下几种荷载或作用：楼（屋）面恒载、活荷载、风荷载和地震作用，分别与手算结果进行比较：

恒载：恒载包括楼（屋）面板自重、建筑面层自重、顶棚自重等，恒载一般为满布。手算中采用弯矩分配法，并且由于结构对称，荷载分布对称，故取半计算。机算中建整跨模型。表 9-1 列出了该榀框架主要构件在恒载（标准值）作用下的弯矩值，对比结果，软件分析结果与手算结果相差基本小于 5%，吻合较好，机算恒载内力图见图 9-40，手算恒载内力图见图 3-9、图 3-10。

活载：活载值由结构的使用功能决定，活载的不同布置会直接影响结构的内力，手算时如一一考虑，计算工作量很大，因此往往根据需要设计的控制截面，有选择地确定几种活载最不利布置，据此计算出对应截面最不利布置的内力，本例手算中选算了四种活载最不利布置（顶层边跨梁跨中弯矩最大，顶层边柱柱顶左侧及柱底右侧受拉最大弯矩，顶层边跨梁梁端最大负弯矩以及活载满跨布置）情况下的内力，得到对应的内力图；而机算由于不受计算工作量的限制，可计算出每个截面每种内力的最不利工况，得到的内力包络图为理论最不利值，比满跨布置工况内力要大。机算活载内力包络如图 9-41 所示，满跨布置活载内力如图 3-25、图 3-26 所示。

恒载软件分析结果与手算结果比较   表 9-1

楼层	构件		弯矩		(手算值－机算值)/手算值（%）	楼层	构件		弯矩		(手算值－机算值)/手算值（%）
			机算值	手算值					机算值	手算值	
4	边柱	柱顶	−25.1	−25.71	2.4	2	边柱	柱顶	−16.0	−16.37	2.3
		柱底	−18.7	−19.43	3.8			柱底	−17.4	−17.97	3.2
	中柱	柱顶	20.8	20.96	0.8		中柱	柱顶	13.1	13.29	1.4
		柱底	15.7	15.41	−1.9			柱底	14.1	14.31	1.5
	边跨梁	边支座	29.5	30.03	1.8		边跨梁	边支座	34.6	35.37	2.2
		跨中	−59.5	−60.51	1.7			跨中	−39.4	−38.87	−1.4
		中支座	−59.5	−60.51	1.7			中支座	−42.0	−42.83	1.9
	中跨梁	支座	20.5	20.55	0.2		中跨梁	支座	11.1	11.29	1.7
3	边柱	柱顶	−13.9	−14.08	1.3	1	边柱	柱顶	−8.9	−8.91	0.1
		柱底	−14.6	−15.01	2.7			柱底	−4.5	−4.46	−0.9
	中柱	柱顶	11.0	11.62	5.3		中柱	柱顶	7.0	6.98	−0.3
		柱底	11.6	11.94	−2.8			柱底	3.5	3.48	−0.6
	边跨梁	边支座	36.7	37.49	2.1		边跨梁	边支座	30.3	30.86	1.8
		跨中	−37.9	−38.53	1.6			跨中	−42.4	−43.36	−2.2
		中支座	−43.1	−43.58	1.1			中支座	−40.4	−40.6	0.5
	中跨梁	支座	10.1	10.52	4.0		中跨梁	支座	13.0	13.01	0.1

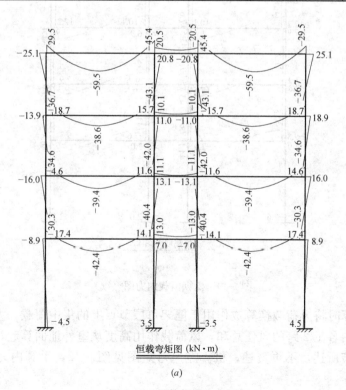

恒载弯矩图 (kN·m)

(a)

图 9-40　机算恒载内力图

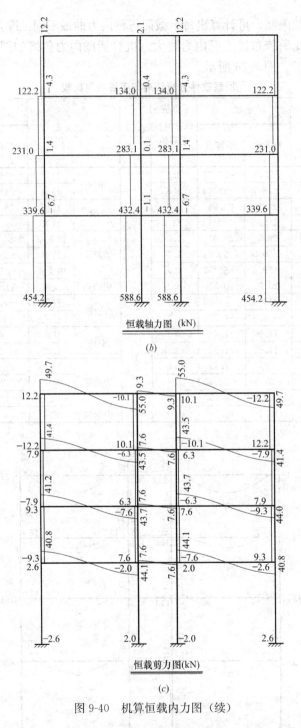

恒载轴力图（kN）

(b)

恒载剪力图(kN)

(c)

图 9-40　机算恒载内力图（续）

风载：手算时将风荷载换算成作用于框架每层节点上的集中荷载，大小为层节点上下各半层、左右各1/2跨的风压总和，风荷载作用高度从室外地面算起，手算与机算的输入不同见前节所述，不再赘述，机算左风弯矩图见图9-42，手算内力见图3-28、图3-29。

地震作用：手算采用底部剪力法计算水平地震作用，自振周期根据规范提供的经验公式计算得到；机算地震作用采用的是振型分解法（SRSS法），计算完毕后，可在.out文件中找到地震力计算信息，可选择第1振动周期（$T_1 = 0.515s$）与手算的自振周期比较（$T_1 = 0.551s$），分析结构较接近，但地震作用下的内力手算较机算大，机算左震弯矩见图9-43，手算结果见图3-34、图3-35。

本例中，将规则的空间框架结构简化成平面框架结构后进行结构分析，其手算结果和PK机算结果可互相校验，特别是恒载与地震周期，两种方法得到的结果误差较小。根据毕业设计施工图绘制的要求，还需要在TAT-8中机算，得到整个结构的梁、柱配筋，并

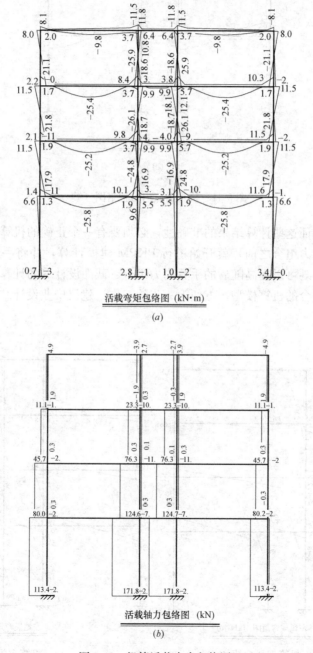

活载弯矩包络图 （kN·m）

(a)

活载轴力包络图 （kN）

(b)

图9-41 机算活载内力包络图

147

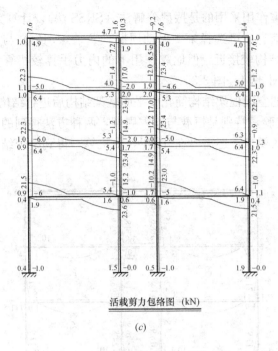

活载剪力包络图（kN）

(c)

图 9-41 机算活载内力包络图（续）

绘制施工图。为保证这些计算结果的准确性，必须要有一个正确的机算模型，因此建议在结构设计前期（内力组合之前）就开始进行 PKPM 建模计算，并将手算和 PK 机算结果相互复核。这样，既可以提高随后的手算内力组合、截面设计等的计算精度，又能够得到与设计意图较为吻合的机算模型，方便下一步的工作。建议毕业设计结构分析步骤及流程如图 9-44 所示。

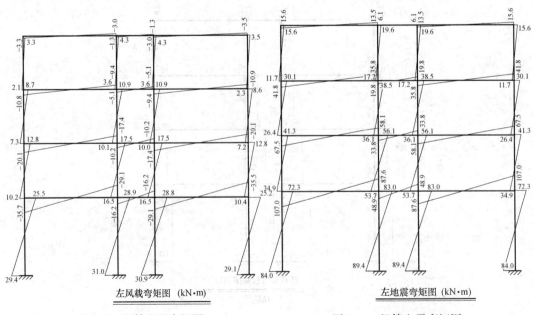

左风载弯矩图（kN·m）   左地震弯矩图（kN·m）

图 9-42 机算左风弯矩图   图 9-43 机算左震弯矩图

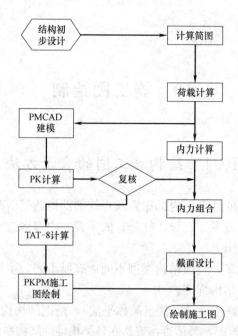

图 9-44　毕业设计建议步骤及流程

10   施工图绘制

10.1   结构施工图的表示方法

建筑施工图表示房屋的外形、内部布置及建筑细部构造等情况。而用于表示各种承重构件（包括基础、墙、梁或屋架、板、柱等）的布置、内部构造及相互连接情况的图样就是结构施工图，简称结施图。

结构施工图的内容很多，且因结构类型不同而有所不同，主要包括结构设计说明、基础图、结构平面布置图、结构详图。

建筑结构施工图平面整体设计方法（简称平法），是把结构构件的尺寸和配筋等信息，按照平面整体表示法制图规则，整体直接表达在各类构件的结构平面布置图上，再与标准构造详图相配合，即构成一套新型完整的结构施工图。它改变了传统的那种将构件从结构平面布置图中索引出来，再逐个绘制配筋详图的繁锁方法。按平法设计绘制的施工图，一般是由各类结构构件的平法施工图和标准构件详图及施工总说明几大部分组成，各类结构构件的平法施工图是在按结构标准层绘制的平面图上直接表示各构件的尺寸、配筋和所选用的标准构造详图。出图时，宜按基础、柱、剪力墙、梁、板、楼梯及其他构件的顺序排列。

按平法设计绘制施工图时，应将所有柱、墙、梁构件进行编号，编号中含有类型代号和序号等，其中，类型代号的主要作用是指明所选用的标准构造详图；在标准构造详图上，已经按其所属构件类型注明代号，以明确该详图与平法施工图中相同构件的互补关系，使两者结合构成完整的结构设计图。

在绘制施工图时，还应当用表格或其他方式注明包括地下和地上各层的结构层楼（地）面的标高、结构层高及相应的结构层号。结构层楼（地）面的标高为结构标高，它等于建筑标高减去面上的建筑构造层厚度后的值，结构层号应与建筑层号对应。

建筑结构施工图采用平法表示时，结构施工总说明显得尤其重要，结构施工总说明主要包括以下内容：

（1）工程概况：结构形式、结构使用年限、结构抗震设防烈度、构件抗震等级、荷载选用等；

（2）选用材料的情况，如混凝土的强度等级、钢筋的级别以及砌体结构中块材和砌筑砂浆的强度等级等，钢结构中所选用的结构用钢材的情况及焊条的要求或螺栓的要求等；

（3）上部结构的构造要求，如混凝土保护层厚度、钢筋的锚固、钢筋的接头，结构焊缝的要求等；

（4）地基基础的情况，如地质情况，不良地基的处理方法和要求，对地基持力层的要求，基础的形式，地基承载力标准值或桩基的单桩承载力设计值以及地基基础的施工要求等；

（5）当标准构造详图有多种可选择的构造时，应写明何步位选用何种构造做法；

（6）施工要求，如对施工顺序、方法、质量标准的要求，与其他工种配合施工方面的要求等；

（7）选用的标准图集；

（8）其他必要的说明。

图 10-1 为本书例题的结构施工总说明。

当同一结构中有多种要求时，在施工说明中难以表述清楚，可将具体要求分别写入对应的施工图中。

10.2 各类结构构件的平法施工图

10.2.1 柱平法施工图

柱平法施工图有两种表示方式：列表注写方式和截面注写方式，列表注写方式系在柱平面布置图上，分别在同一编号的柱中选择一个截面标注几何参数代号，在柱表中注写柱号、柱段起止标高、几何尺寸（含柱截面对轴线的偏心）与配筋的具体数值，并配以各种柱截面形状及箍筋类型图的方式，来表达柱平法施工图；截面注写方式系在分标准层绘制的柱平面布置图上，分别在同一编号的柱中选择一个截面，按另一种比例原位放大绘制柱截面配筋图，以直接注写截面尺寸（含柱截面对轴线的偏心）、角筋或全部纵筋、箍筋（钢筋级别、直径与间距，用"/"区分柱端箍筋加密区与非加密区不同的间距）的具体数值来表达柱平法施工图。截面注写方式更接近传统表达方式，见图 10-5。

柱代号含义   表 10-1

柱类型	框架柱	框支柱	梁上柱	剪力墙上柱
代号	KZ	KZZ	LZ	QZ

10.2.2 梁平法施工图

梁平法施工图也有两种表示方式：平面注写方式和截面注写方式，平面注写方式系在梁平面布置图上，分别在同一编号的梁中选择一根梁（梁代号见表 10-2），在其上注写截面尺寸和配筋具体数值的方式；截面注写方式系在分标准层绘制的梁平面布置图上，分别在同一编号的梁中选择一根梁用剖面号引出配筋图，并在其上注写截面尺寸和配筋具体数值的方式。平面注写方式使用较多，见图 10-6。

梁编号含义   表 10-2

梁类型	代号	序号	跨数及是否带有悬挑
楼层框架梁	KL	××	(××)或(××A)或(××B)
屋面框架梁	WKL	××	(××)或(××A)或(××B)
框支梁	KZL	××	(××)或(××A)或(××B)
非框架梁	L	××	(××)或(××A)或(××B)
悬挑梁	XL	××	
井字梁	JZL	××	(××)或(××A)或(××B)

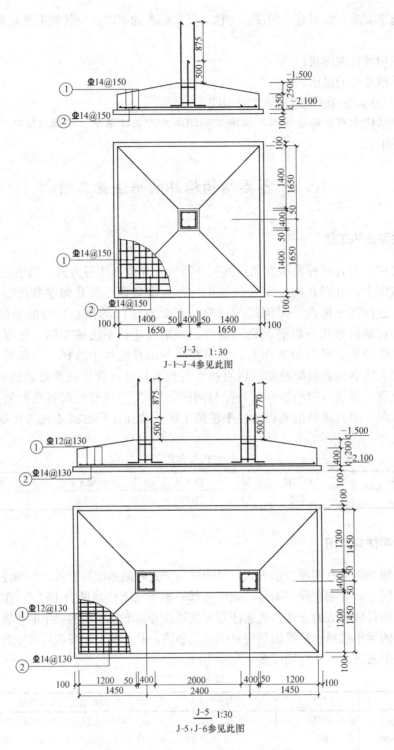

图 10-4 基础详图

平面注写包括集中标注和原位标注两部分，集中标注表达梁的通用数值，原位标注表达梁的特殊数值。当集中标注的某项数值不适用于梁的某部位时，则将该项数值原位标注，原位标注数值优先于集中标注数值。梁集中标注的内容有五项必注值及一项选注值：梁编号（表 10-2）、截面尺寸、梁箍筋（钢筋级别、直径与间距，用"/"区分柱端箍筋加密区与非加密区不同的间距、肢数）、梁上部通长筋或架立筋［当同排纵筋中既有通长筋又有架立筋时，用"+"将两者相联，通长筋在前，架立筋写在加号后的括号内，2φ22+（2φ12）］、梁侧面纵向构造筋（以 G 开头，G4φ12 表示每侧配置 2φ12 纵筋构造筋）或受扭纵筋（受扭纵筋以 N 开头，N6φ22 表示每侧配置 3φ22 受扭纵筋），选注项为梁顶面标高高差（相对于结构层楼面标高的高差，当梁顶面标高高于所在结构层的楼面标高时，标高高差为正值）。梁原位标注的内容有：梁支座上部纵筋（多于一排时用"/"将各排纵筋自上而下分开，如 6φ22 4/2；同排中两种直径的钢筋用"+"相联，角部纵筋写在前面）、梁下部纵筋［当下部纵筋不全部伸入支座时，将梁支座下部减少的数量写在括号内，6φ22 2（−2）/4，其余表示方法同梁上部纵筋］、附加箍筋或吊筋（将数量、规格直接标于图上），见图 10-7。

10.2.3 板平法施工图

与传统表示法相似，绘制时应注意板面钢筋和板底钢筋的表示方式差异。

10.2.4 楼梯平法施工图

在平面布置图上表示现浇板式楼梯的尺寸和配筋，采用平面注写方式。按平法设计绘制楼梯施工图时，应将所有楼梯进行编号，编号中含有类型代号和序号，其中类型代号的主要作用是指明所选用的标准构造详图。板式楼梯分单跑和双跑两大类，AT～ET 为 5 种单跑类型；FT～LT 为 4 种双跑类型，框架结构中通常选用 LT 型。

LT 型楼梯的适用条件为：①楼梯间内设置楼层梯梁，但不设置层间梯梁，矩形梯板由两跑踏步段与层间平板两部分构成；②层间平板采用单边支承，对边与踏步段的一端相连，另外两相对侧边为自由边；踏步段的另一端以楼层梯梁为支座；③同一楼层内各踏步段的水平净长相等；总高度相等（即等分楼层高度），凡是满足以上条件的可为 LT 型，如双跑楼梯。LT 型楼梯平面注写方式如图 10-7 所示，其中：集中注写的内容有 4 项：①梯板类型代号与序号 LT××；②梯板厚度 h；③踏步段总高度 Hs ［Hs=hs×（m+1），式中 hs 为踏步高，（m+1）为踏步数目］；④梯板下部纵向配筋；原位注写的内容为：踏步段楼层梯梁支座与层间平板支座上部纵向配筋，分布钢筋注写在图名的下方。楼梯与扶手连接的钢预埋件位置与做法应由设计者注明，梯板较厚需设拉筋时也应由设计者注明。

当不设置层间梯梁，楼梯变为 LT 型楼梯的特殊形式，梯板与层间平板两部分构成的板跨度较大时，会使梯板与层间平板的厚度较大（≥150），因此宜设置层间梯梁。对应地，必须从下层框架梁上生出两个构造柱来支承层间梯梁，见图 10-9。

10.2.5 基础平法施工图

若为独立基础，表示法与柱相似，详见 11G101-3 图集；

若为梁式基础（条基、交叉梁基础），表示法与楼面梁相似，详见 11G101-3 图集；

若为梁板式基础（筏板基础、箱形基础），表示法与楼面梁、板相似，详见 11G101-3 图集。

10.2.6 标准构件详图

标准构件详图主要包括框架节点的梁柱箍筋加密、纵筋锚固截断、构件间的连接构造等内容，具体可参考《混凝土结构设计规范》GB 50010—2010、《建筑抗震设计规范》GB 50011—2010 及相关构造手册。

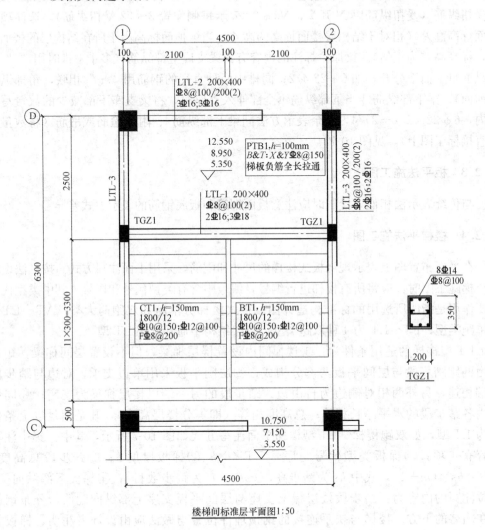

楼梯间标准层平面图1:50

图 10-9 楼梯平法施工图

10.3 例题部分施工图

附录 1　规则框架承受均布及倒三角形分布水平力作用时标准反弯点的高度比

规则框架承受均布水平力作用时反弯点标准高度比 y_0 值　　　附表 1-1

n	j \ K	0.1	0.2	0.3	0.4	0.5	0.6	0.7	0.8	0.9	1.0	2.0	3.0	4.0	5.0
1	1	0.80	0.75	0.70	0.65	0.65	0.60	0.60	0.60	0.60	0.55	0.55	0.55	0.55	0.55
2	2	0.45	0.40	0.35	0.35	0.35	0.35	0.40	0.40	0.40	0.40	0.45	0.45	0.45	0.45
	1	0.95	0.80	0.75	0.70	0.65	0.65	0.65	0.60	0.60	0.60	0.55	0.55	0.55	0.50
3	3	0.15	0.20	0.20	0.25	0.30	0.30	0.30	0.35	0.35	0.35	0.40	0.45	0.45	0.45
	2	0.55	0.50	0.45	0.45	0.45	0.45	0.45	0.45	0.45	0.45	0.45	0.50	0.50	0.50
	1	1.00	0.85	0.80	0.75	0.70	0.70	0.65	0.65	0.65	0.60	0.55	0.55	0.55	0.55
4	4	−0.05	0.05	0.15	0.20	0.25	0.30	0.30	0.35	0.35	0.35	0.40	0.45	0.45	0.45
	3	0.25	0.30	0.30	0.35	0.35	0.40	0.40	0.40	0.40	0.45	0.45	0.50	0.50	0.50
	2	0.65	0.55	0.50	0.50	0.45	0.45	0.45	0.45	0.45	0.45	0.50	0.50	0.50	0.50
	1	1.10	0.90	0.80	0.75	0.70	0.70	0.65	0.65	0.65	0.60	0.55	0.55	0.55	0.55
5	5	−0.20	0.00	0.15	0.20	0.25	0.30	0.30	0.30	0.35	0.35	0.40	0.45	0.45	0.45
	4	0.10	0.20	0.25	0.30	0.35	0.35	0.40	0.40	0.40	0.40	0.45	0.45	0.50	0.50
	3	0.40	0.40	0.40	0.40	0.40	0.45	0.45	0.45	0.45	0.45	0.50	0.50	0.50	0.50
	2	0.65	0.55	0.50	0.50	0.50	0.50	0.50	0.50	0.50	0.50	0.50	0.50	0.50	0.50
	1	1.20	0.95	0.80	0.75	0.75	0.70	0.70	0.65	0.65	0.65	0.55	0.55	0.55	0.55
6	6	−0.30	0.00	0.10	0.20	0.25	0.25	0.30	0.30	0.35	0.35	0.40	0.45	0.45	0.45
	5	0.00	0.20	0.25	0.30	0.35	0.35	0.40	0.40	0.40	0.40	0.45	0.45	0.50	0.50
	4	0.20	0.30	0.35	0.35	0.40	0.40	0.40	0.45	0.45	0.45	0.45	0.50	0.50	0.50
	3	0.40	0.40	0.40	0.45	0.45	0.45	0.45	0.45	0.45	0.45	0.50	0.50	0.50	0.50
	2	0.70	0.60	0.55	0.50	0.50	0.50	0.50	0.50	0.50	0.50	0.50	0.50	0.50	0.50
	1	1.20	0.95	0.85	0.80	0.75	0.70	0.70	0.65	0.65	0.65	0.55	0.55	0.55	0.55
7	7	−0.35	−0.05	0.10	0.20	0.20	0.25	0.30	0.30	0.35	0.35	0.40	0.45	0.45	0.45
	6	−0.10	0.15	0.25	0.30	0.35	0.35	0.35	0.40	0.40	0.40	0.45	0.45	0.50	0.50
	5	0.10	0.25	0.30	0.35	0.40	0.40	0.40	0.45	0.45	0.45	0.45	0.50	0.50	0.50
	4	0.30	0.35	0.40	0.40	0.40	0.45	0.45	0.45	0.45	0.45	0.50	0.50	0.50	0.50
	3	0.50	0.45	0.45	0.45	0.45	0.45	0.45	0.45	0.45	0.45	0.50	0.50	0.50	0.50
	2	0.75	0.60	0.55	0.50	0.50	0.50	0.50	0.50	0.50	0.50	0.50	0.50	0.50	0.50
	1	1.20	0.95	0.85	0.80	0.75	0.70	0.70	0.65	0.65	0.65	0.55	0.55	0.55	0.55
8	8	−0.35	−0.15	0.10	0.15	0.25	0.25	0.30	0.30	0.35	0.35	0.40	0.45	0.45	0.45
	7	−0.10	0.15	0.25	0.30	0.35	0.35	0.40	0.40	0.40	0.40	0.45	0.50	0.50	0.50
	6	0.05	0.25	0.30	0.35	0.40	0.40	0.40	0.45	0.45	0.45	0.45	0.50	0.50	0.50
	5	0.20	0.30	0.35	0.40	0.40	0.45	0.45	0.45	0.45	0.45	0.50	0.50	0.50	0.50
	4	0.35	0.40	0.40	0.45	0.45	0.45	0.45	0.45	0.45	0.45	0.50	0.50	0.50	0.50
	3	0.50	0.45	0.45	0.45	0.45	0.45	0.45	0.45	0.50	0.50	0.50	0.50	0.50	0.50
	2	0.75	0.60	0.55	0.55	0.50	0.50	0.50	0.50	0.50	0.50	0.50	0.50	0.50	0.50
	1	1.20	1.00	0.85	0.80	0.75	0.70	0.70	0.65	0.65	0.65	0.55	0.55	0.55	0.55

n	j \ K	0.1	0.2	0.3	0.4	0.5	0.6	0.7	0.8	0.9	1.0	2.0	3.0	4.0	5.0
9	9	−0.40	−0.05	0.10	0.20	0.25	0.25	0.30	0.30	0.35	0.35	0.45	0.45	0.45	0.45
	8	−0.15	0.15	0.25	0.30	0.35	0.35	0.35	0.40	0.40	0.40	0.45	0.45	0.50	0.50
	7	0.05	0.25	0.30	0.35	0.40	0.40	0.40	0.45	0.45	0.45	0.45	0.50	0.50	0.50
	6	0.15	0.30	0.35	0.40	0.40	0.45	0.45	0.45	0.45	0.45	0.50	0.50	0.50	0.50
	5	0.25	0.35	0.40	0.40	0.45	0.45	0.45	0.45	0.45	0.45	0.50	0.50	0.50	0.50
	4	0.40	0.40	0.40	0.45	0.45	0.45	0.45	0.45	0.45	0.45	0.50	0.50	0.50	0.50
	3	0.55	0.45	0.45	0.45	0.45	0.45	0.45	0.45	0.50	0.50	0.50	0.50	0.50	0.50
	2	0.80	0.65	0.55	0.55	0.50	0.50	0.50	0.50	0.50	0.50	0.50	0.50	0.50	0.50
	1	1.20	1.00	0.85	0.80	0.75	0.70	0.70	0.65	0.65	0.65	0.55	0.55	0.55	0.55
10	10	−0.40	−0.05	0.10	0.20	0.25	0.30	0.30	0.30	0.35	0.35	0.40	0.45	0.45	0.45
	9	−0.15	0.15	0.25	0.30	0.35	0.35	0.40	0.40	0.40	0.40	0.45	0.45	0.50	0.50
	8	0.00	0.25	0.30	0.35	0.40	0.40	0.40	0.45	0.45	0.45	0.45	0.50	0.50	0.50
	7	0.10	0.30	0.35	0.40	0.40	0.45	0.45	0.45	0.45	0.45	0.50	0.50	0.50	0.50
	6	0.20	0.35	0.40	0.40	0.45	0.45	0.45	0.45	0.45	0.45	0.50	0.50	0.50	0.50
	5	0.30	0.40	0.40	0.45	0.45	0.45	0.45	0.45	0.45	0.50	0.50	0.50	0.50	0.50
	4	0.40	0.40	0.45	0.45	0.45	0.45	0.45	0.45	0.50	0.50	0.50	0.50	0.50	0.50
	3	0.55	0.50	0.45	0.45	0.45	0.50	0.50	0.50	0.50	0.50	0.50	0.50	0.50	0.50
	2	0.80	0.65	0.55	0.55	0.55	0.50	0.50	0.50	0.50	0.50	0.50	0.50	0.50	0.50
	1	1.30	1.00	0.85	0.80	0.75	0.70	0.70	0.65	0.65	0.65	0.60	0.55	0.55	0.55
11	11	−0.40	0.05	0.10	0.20	0.25	0.30	0.30	0.30	0.35	0.35	0.40	0.45	0.45	0.45
	10	−0.15	0.15	0.25	0.30	0.35	0.35	0.40	0.40	0.40	0.40	0.45	0.45	0.50	0.50
	9	0.00	0.25	0.30	0.35	0.40	0.40	0.40	0.45	0.45	0.45	0.45	0.50	0.50	0.50
	8	0.10	0.30	0.35	0.40	0.40	0.45	0.45	0.45	0.45	0.45	0.50	0.50	0.50	0.50
	7	0.20	0.35	0.40	0.45	0.45	0.45	0.45	0.45	0.45	0.45	0.50	0.50	0.50	0.50
	6	0.25	0.35	0.40	0.45	0.45	0.45	0.45	0.45	0.45	0.45	0.50	0.50	0.50	0.50
	5	0.35	0.40	0.40	0.45	0.45	0.45	0.45	0.45	0.45	0.50	0.50	0.50	0.50	0.50
	4	0.40	0.45	0.45	0.45	0.45	0.45	0.45	0.50	0.50	0.50	0.50	0.50	0.50	0.50
	3	0.55	0.50	0.50	0.50	0.50	0.50	0.50	0.50	0.50	0.50	0.50	0.50	0.50	0.50
	2	0.80	0.65	0.60	0.55	0.55	0.50	0.50	0.50	0.50	0.50	0.50	0.50	0.50	0.50
	1	1.30	1.00	0.85	0.80	0.75	0.70	0.70	0.65	0.65	0.65	0.60	0.55	0.55	0.55
12 以上	↓1	−0.40	−0.05	0.10	0.20	0.25	0.30	0.30	0.30	0.35	0.35	0.40	0.45	0.45	0.45
	2	−0.15	0.15	0.25	0.30	0.35	0.35	0.40	0.40	0.40	0.40	0.45	0.45	0.50	0.50
	3	0.00	0.25	0.30	0.35	0.40	0.40	0.40	0.45	0.45	0.45	0.50	0.50	0.50	0.50
	4	0.10	0.30	0.35	0.40	0.40	0.45	0.45	0.45	0.45	0.45	0.50	0.50	0.50	0.50
	5	0.20	0.35	0.40	0.40	0.45	0.45	0.45	0.45	0.45	0.45	0.50	0.50	0.50	0.50
	6	0.25	0.35	0.40	0.45	0.45	0.45	0.45	0.45	0.45	0.45	0.50	0.50	0.50	0.50
	7	0.30	0.40	0.40	0.45	0.45	0.45	0.45	0.45	0.50	0.50	0.50	0.50	0.50	0.50
	8	0.35	0.40	0.45	0.45	0.45	0.45	0.45	0.50	0.50	0.50	0.50	0.50	0.50	0.50
	中间	0.40	0.40	0.45	0.45	0.45	0.45	0.50	0.50	0.50	0.50	0.50	0.50	0.50	0.50
	4	0.45	0.45	0.45	0.45	0.50	0.50	0.50	0.50	0.50	0.50	0.50	0.50	0.50	0.50
	3	0.60	0.50	0.50	0.50	0.50	0.50	0.50	0.50	0.50	0.50	0.50	0.50	0.50	0.50
	2	0.80	0.65	0.60	0.55	0.55	0.50	0.50	0.50	0.50	0.50	0.50	0.50	0.50	0.50
	↑1	1.30	1.00	0.85	0.80	0.75	0.70	0.70	0.65	0.65	0.65	0.60	0.55	0.55	0.55

注：

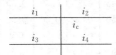

$$K = \frac{i_1 + i_2 + i_3 + i_4}{2i_c}$$

n	j \\ K	0.1	0.2	0.3	0.4	0.5	0.6	0.7	0.8	0.9	1.0	2.0	3.0	4.0	5.0
1	1	0.80	0.75	0.70	0.65	0.65	0.60	0.60	0.60	0.60	0.55	0.55	0.55	0.55	0.55
2	2	0.55	0.45	0.40	0.40	0.40	0.40	0.40	0.40	0.40	0.45	0.45	0.45	0.45	0.50
	1	1.00	0.85	0.75	0.70	0.70	0.65	0.65	0.60	0.60	0.60	0.55	0.55	0.55	0.55
3	3	0.25	0.25	0.25	0.30	0.30	0.35	0.35	0.35	0.40	0.40	0.45	0.45	0.45	0.50
	2	0.65	0.50	0.50	0.50	0.50	0.45	0.45	0.45	0.45	0.45	0.50	0.50	0.50	0.50
	1	1.15	0.90	0.80	0.75	0.75	0.70	0.70	0.65	0.65	0.65	0.65	0.55	0.55	0.55
4	4	0.10	0.15	0.20	0.25	0.30	0.30	0.35	0.35	0.35	0.40	0.45	0.45	0.45	0.45
	3	0.35	0.35	0.35	0.40	0.40	0.40	0.40	0.45	0.45	0.45	0.45	0.50	0.50	0.50
	2	0.70	0.60	0.55	0.50	0.50	0.50	0.50	0.50	0.50	0.50	0.50	0.50	0.50	0.50
	1	1.20	0.95	0.85	0.80	0.75	0.70	0.70	0.70	0.65	0.65	0.55	0.55	0.55	0.55
5	5	−0.05	0.10	0.20	0.25	0.30	0.30	0.35	0.35	0.35	0.35	0.40	0.45	0.45	0.45
	4	0.20	0.25	0.35	0.35	0.40	0.40	0.40	0.40	0.40	0.45	0.45	0.50	0.50	0.50
	3	0.45	0.40	0.45	0.45	0.45	0.45	0.45	0.45	0.45	0.45	0.50	0.50	0.50	0.50
	2	0.75	0.60	0.55	0.55	0.50	0.50	0.50	0.50	0.50	0.50	0.50	0.50	0.50	0.50
	1	1.30	1.00	0.85	0.80	0.75	0.70	0.70	0.65	0.65	0.65	0.65	0.55	0.55	0.55
6	6	−0.15	0.05	0.15	0.20	0.25	0.30	0.30	0.35	0.35	0.35	0.40	0.45	0.45	0.45
	5	0.10	0.25	0.30	0.35	0.35	0.40	0.40	0.40	0.45	0.45	0.45	0.50	0.50	0.50
	4	0.30	0.35	0.40	0.40	0.45	0.45	0.45	0.45	0.45	0.45	0.50	0.50	0.50	0.50
	3	0.50	0.45	0.45	0.45	0.45	0.45	0.45	0.45	0.45	0.50	0.50	0.50	0.50	0.50
	2	0.80	0.65	0.55	0.55	0.55	0.55	0.50	0.50	0.50	0.50	0.50	0.50	0.50	0.50
	1	1.30	1.00	0.85	0.80	0.75	0.70	0.70	0.65	0.65	0.65	0.60	0.55	0.55	0.55
7	7	−0.20	0.05	0.15	0.20	0.25	0.30	0.30	0.35	0.35	0.35	0.45	0.45	0.45	0.45
	6	0.05	0.20	0.30	0.35	0.35	0.40	0.40	0.40	0.40	0.45	0.45	0.50	0.50	0.50
	5	0.20	0.30	0.35	0.40	0.40	0.45	0.45	0.45	0.45	0.45	0.50	0.50	0.50	0.50
	4	0.35	0.40	0.40	0.45	0.45	0.45	0.45	0.45	0.45	0.45	0.50	0.50	0.50	0.50
	3	0.55	0.50	0.50	0.50	0.50	0.50	0.50	0.50	0.50	0.50	0.50	0.50	0.50	0.50
	2	0.80	0.65	0.60	0.55	0.55	0.55	0.50	0.50	0.50	0.50	0.50	0.50	0.50	0.50
	1	1.30	1.00	0.90	0.80	0.75	0.70	0.70	0.70	0.65	0.65	0.60	0.55	0.55	0.55
8	8	−0.20	0.05	0.15	0.20	0.25	0.30	0.30	0.35	0.35	0.35	0.45	0.45	0.45	0.45
	7	0.00	0.20	0.30	0.35	0.35	0.40	0.40	0.40	0.40	0.45	0.45	0.50	0.50	0.50
	6	0.15	0.30	0.35	0.40	0.40	0.45	0.45	0.45	0.45	0.45	0.50	0.50	0.50	0.50
	5	0.30	0.45	0.40	0.45	0.45	0.45	0.45	0.45	0.45	0.45	0.50	0.50	0.50	0.50
	4	0.40	0.45	0.45	0.45	0.45	0.45	0.45	0.50	0.50	0.50	0.50	0.50	0.50	0.50
	3	0.60	0.50	0.50	0.50	0.50	0.50	0.50	0.50	0.50	0.50	0.50	0.50	0.50	0.50
	2	0.85	0.65	0.60	0.55	0.55	0.55	0.50	0.50	0.50	0.50	0.50	0.50	0.50	0.50
	1	1.30	1.00	0.90	0.80	0.75	0.70	0.70	0.70	0.65	0.65	0.60	0.55	0.55	0.55
9	9	−0.25	0.00	0.15	0.20	0.25	0.30	0.30	0.35	0.35	0.40	0.45	0.45	0.45	0.45
	8	−0.00	0.20	0.30	0.35	0.35	0.40	0.40	0.40	0.40	0.45	0.45	0.50	0.50	0.50
	7	0.15	0.30	0.35	0.40	0.40	0.45	0.45	0.45	0.45	0.45	0.50	0.50	0.50	0.50
	6	0.25	0.35	0.40	0.40	0.45	0.45	0.45	0.45	0.45	0.45	0.50	0.50	0.50	0.50
	5	0.35	0.40	0.45	0.45	0.45	0.45	0.45	0.45	0.50	0.50	0.50	0.50	0.50	0.50
	4	0.45	0.45	0.45	0.45	0.45	0.50	0.50	0.50	0.50	0.50	0.50	0.50	0.50	0.50
	3	0.60	0.50	0.50	0.50	0.50	0.50	0.50	0.50	0.50	0.50	0.50	0.50	0.50	0.50
	2	0.85	0.65	0.60	0.55	0.55	0.55	0.55	0.50	0.50	0.50	0.50	0.50	0.50	0.50
	1	1.35	1.00	0.90	0.80	0.75	0.70	0.70	0.70	0.65	0.65	0.60	0.55	0.55	0.55

续表

n	j	0.1	0.2	0.3	0.4	0.5	0.6	0.7	0.8	0.9	1.0	2.0	3.0	4.0	5.0
10	10	−0.25	0.00	0.15	0.20	0.25	0.30	0.30	0.35	0.35	0.40	0.45	0.45	0.45	0.45
	9	−0.05	0.20	0.30	0.35	0.35	0.40	0.40	0.40	0.40	0.45	0.45	0.50	0.50	0.50
	8	0.10	0.30	0.35	0.40	0.40	0.40	0.45	0.45	0.45	0.45	0.50	0.50	0.50	0.50
	7	0.20	0.35	0.40	0.40	0.45	0.45	0.45	0.45	0.45	0.50	0.50	0.50	0.50	0.50
	6	0.30	0.40	0.40	0.45	0.45	0.45	0.45	0.45	0.45	0.50	0.50	0.50	0.50	0.50
	5	0.40	0.45	0.45	0.45	0.45	0.45	0.45	0.50	0.50	0.50	0.50	0.50	0.50	0.50
	4	0.50	0.45	0.45	0.45	0.50	0.50	0.50	0.50	0.50	0.50	0.50	0.50	0.50	0.50
	3	0.60	0.55	0.50	0.50	0.50	0.50	0.50	0.50	0.50	0.50	0.50	0.50	0.50	0.50
	2	0.85	0.65	0.60	0.55	0.55	0.55	0.55	0.50	0.50	0.50	0.50	0.50	0.50	0.50
	1	1.35	1.00	0.90	0.80	0.75	0.70	0.70	0.70	0.65	0.65	0.60	0.55	0.55	0.55
11	11	−0.25	0.00	0.15	0.20	0.25	0.30	0.30	0.35	0.35	0.40	0.45	0.45	0.45	0.45
	10	−0.05	0.20	0.25	0.30	0.35	0.40	0.40	0.40	0.40	0.40	0.45	0.45	0.50	0.50
	9	0.10	0.30	0.35	0.40	0.40	0.40	0.45	0.45	0.45	0.45	0.45	0.50	0.50	0.50
	8	0.20	0.35	0.40	0.40	0.45	0.45	0.45	0.45	0.45	0.45	0.45	0.50	0.50	0.50
	7	0.25	0.40	0.40	0.45	0.45	0.45	0.45	0.45	0.45	0.50	0.50	0.50	0.50	0.50
	6	0.35	0.40	0.45	0.45	0.45	0.45	0.50	0.50	0.50	0.50	0.50	0.50	0.50	0.50
	5	0.40	0.45	0.45	0.45	0.45	0.50	0.50	0.50	0.50	0.50	0.50	0.50	0.50	0.50
	4	0.50	0.50	0.50	0.50	0.50	0.50	0.50	0.50	0.50	0.50	0.50	0.50	0.50	0.50
	3	0.65	0.55	0.50	0.50	0.50	0.50	0.50	0.50	0.50	0.50	0.50	0.50	0.50	0.50
	2	0.85	0.65	0.60	0.55	0.55	0.55	0.55	0.50	0.50	0.50	0.50	0.50	0.50	0.50
	1	1.35	1.05	0.90	0.80	0.75	0.70	0.70	0.70	0.65	0.65	0.60	0.55	0.55	0.55
12 以上	↓1	−0.30	0.00	0.15	0.20	0.25	0.30	0.30	0.30	0.35	0.35	0.40	0.45	0.45	0.45
	2	−0.10	0.20	0.25	0.30	0.35	0.40	0.40	0.40	0.40	0.40	0.45	0.45	0.45	0.50
	3	0.05	0.25	0.35	0.40	0.40	0.40	0.45	0.45	0.45	0.45	0.45	0.50	0.50	0.50
	4	0.15	0.30	0.40	0.40	0.45	0.45	0.45	0.45	0.45	0.45	0.45	0.50	0.50	0.50
	5	0.25	0.35	0.50	0.45	0.45	0.45	0.45	0.45	0.45	0.50	0.50	0.50	0.50	0.50
	6	0.30	0.40	0.50	0.45	0.45	0.45	0.45	0.50	0.50	0.50	0.50	0.50	0.50	0.50
	7	0.35	0.40	0.55	0.45	0.45	0.45	0.50	0.50	0.50	0.50	0.50	0.50	0.50	0.50
	8	0.35	0.45	0.55	0.45	0.50	0.50	0.50	0.50	0.50	0.50	0.50	0.50	0.50	0.50
	中间	0.45	0.45	0.55	0.45	0.50	0.50	0.50	0.50	0.50	0.50	0.50	0.50	0.50	0.50
	4	0.55	0.50	0.50	0.50	0.50	0.50	0.50	0.50	0.50	0.50	0.50	0.50	0.50	0.50
	3	0.65	0.55	0.50	0.50	0.50	0.50	0.50	0.50	0.50	0.50	0.50	0.50	0.50	0.50
	2	0.70	0.70	0.60	0.55	0.55	0.55	0.55	0.50	0.50	0.50	0.50	0.50	0.50	0.50
	↑1	1.35	1.05	0.90	0.80	0.75	0.70	0.70	0.70	0.65	0.65	0.60	0.55	0.55	0.55

上下层横梁线刚度比对 y_0 的修正值 y_1　　　　附表 1-3

I \ K	0.1	0.2	0.3	0.4	0.5	0.6	0.7	0.8	0.9	1.0	2.0	3.0	4.0	5.0
0.4	0.55	0.40	0.30	0.25	0.20	0.20	0.20	0.15	0.15	0.15	0.05	0.05	0.05	0.05
0.5	0.45	0.30	0.20	0.20	0.15	0.15	0.15	0.10	0.10	0.10	0.05	0.05	0.05	0.05
0.6	0.30	0.20	0.15	0.15	0.10	0.10	0.10	0.10	0.05	0.05	0.05	0.05	0	0
0.7	0.20	0.15	0.10	0.10	0.10	0.10	0.05	0.05	0.05	0.05	0.05	0	0	0
0.8	0.15	0.10	0.05	0.05	0.05	0.05	0.05	0.05	0.05	0	0	0	0	0
0.9	0.05	0.05	0.05	0.05	0	0	0	0	0	0	0	0	0	0

注：

$I=\dfrac{i_1+i_2}{i_3+i_4}$，当 $i_1+i_2 > i_3+i_4$ 时，取 $I=\dfrac{i_3+i_4}{i_1+i_2}$，同时在查得的 y_1 值前加负号。

158

α_2	α_3	$K=0.1$	0.2	0.3	0.4	0.5	0.6	0.7
2.0		0.25	0.15	0.15	0.10	0.10	0.10	0.10
1.8		0.20	0.15	0.10	0.10	0.10	0.05	0.05
1.6	0.4	0.15	0.10	0.10	0.05	0.05	0.05	0.05
1.4	0.6	0.10	0.05	0.05	0.05	0.05	0.05	0.05
1.2	0.8	0.05	0.05	0.05	0.0	0.0	0.0	0.0
1.0	1.0	0.0	0.0	0.0	0.0	0.0	0.0	0.0
0.8	1.2	−0.05	−0.05	−0.05	0.0	0.0	0.0	0.0
0.6	1.4	−0.10	−0.05	−0.05	−0.05	−0.05	−0.05	−0.05
0.4	1.6	−0.15	−0.10	−0.10	−0.05	−0.05	−0.05	−0.05
	1.8	−0.20	−0.15	−0.10	−0.10	−0.05	−0.05	−0.05
	2.0	−0.25	−0.15	−0.15	−0.10	−0.10	−0.10	−0.10
2.0		0.10	0.05	0.05	0.05	0.05	0.0	0.0
1.8		0.05	0.05	0.05	0.05	0.0	0.0	0.0
1.6	0.4	0.05	0.05	0.05	0.0	0.0	0.0	0.0
1.4	0.6	0.05	0.05	0.0	0.0	0.0	0.0	0.0
1.2	0.8	0.0	0.0	0.0	0.0	0.0	0.0	0.0
1.0	1.0	0.0	0.0	0.0	0.0	0.0	0.0	0.0
0.8	1.2	0.0	0.0	0.0	0.0	0.0	0.0	0.0
0.6	1.4	−0.05	−0.05	0.0	0.0	0.0	0.0	0.0
0.4	1.6	−0.05	−0.05	−0.05	0.0	0.0	0.0	0.0
	1.8	−0.05	−0.05	−0.05	−0.05	0.0	0.0	0.0
	2.0	−0.10	−0.05	−0.05	−0.05	−0.05	0.0	0.0

注：

y_2——按照 K 及 α_2 求得，上层较高时为正值；

y_3——按照 K 及 α_3 求得。

附录2 双向板弯矩、挠度计算系数

符 号 说 明

刚度 $B_C = \dfrac{Eh^3}{12(1-\nu^2)}$;

式中 E——弹性模量;

         h——板厚;

         ν——泊桑比;

     f, f_{max}——分别为板中心点的挠度和最大挠度;

     f_{01}, f_{02}——分别为平行于 l_{01} 和 l_{02} 方向自由边的中点挠度;

m_{01}, $m_{01,max}$——分别为平行于 l_{01} 方向板中心点单位板宽内的弯矩和板跨内最大弯矩;

m_{02}, $m_{02,max}$——分别为平行于 l_{02} 方向板中心点单位板宽内的弯矩和板跨内最大弯矩;

    m_{01}, m_{01}——分别为平行于 l_{01} 和 l_{02} 方向自由边的中点单位板宽内的弯矩;

       m_1'——固定边中点沿 l_{01} 方向单位板宽内的弯矩;

       m_2'——固定边中点沿 l_{02} 方向单位板宽内的弯矩;

└┴┴┴┴┴┴┴┴┴┴┴┴┘代表固定边; ----------------代表简支边;

正负号的规定:

弯矩——使板的受荷面受压者为正;

挠度——变位方向与荷载方向相同者为正。

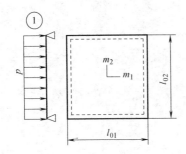

挠度＝表中系数×$\dfrac{pl_{01}^4}{B_C}$;

$\nu=0$,弯矩＝表中系数×pl_{01}^2,这里 $l_{01}<l_{02}$。

四边简支   附表 2-1

l_{01}/l_{02}	f	m_1	m_2	l_{01}/l_{02}	f	m_1	m_2
0.50	0.01013	0.0965	0.0174	0.80	0.00603	0.0561	0.0334
0.55	0.00940	0.0892	0.0210	0.85	0.00547	0.0506	0.0348
0.60	0.00867	0.0820	0.0242	0.90	0.00496	0.0456	0.0358
0.65	0.00796	0.0750	0.0271	0.95	0.00449	0.0410	0.0364
0.70	0.00727	0.0683	0.0296	1.00	0.00406	0.0368	0.0368
0.75	0.00663	0.0620	0.0317				

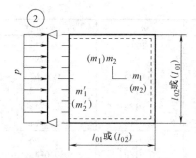

挠度＝表中系数$\times\dfrac{pl_{01}^4}{B_C}\left(\text{或}\times\dfrac{p\,(l_{01})^4}{B_C}\right)$；

$\nu=0$，弯矩＝表中系数$\times pl_{01}^2$〔或$\times p(l_{01})^2$〕。

这里 $l_{01}<l_{02}$，$(l_{01})<(l_{02})$。

三边简支一边固定

附表 2-2

l_{01}/l_{02}	$(l_{01})/(l_{02})$	f	f_{max}	m_1	m_{1max}	m_2	m_{2max}	m_1' 或(m_2')
0.50		0.00488	0.00504	0.0583	0.0646	0.0060	0.0063	−0.1212
0.55		0.00471	0.00492	0.0563	0.0618	0.0081	0.0087	−0.1187
0.60		0.00453	0.00472	0.0539	0.0589	0.0104	0.0111	−0.1158
0.65		0.00432	0.00448	0.0513	0.0559	0.0126	0.0133	−0.1124
0.70		0.00410	0.00422	0.0485	0.0529	0.0148	0.0154	−0.1087
0.75		0.00388	0.00399	0.0457	0.0496	0.0168	0.0174	−0.1048
0.80		0.00365	0.00376	0.0428	0.0463	0.0187	0.0193	−0.1007
0.85		0.00343	0.00352	0.0400	0.0431	0.0204	0.0211	−0.0965
0.90		0.00321	0.00329	0.0372	0.0400	0.0219	0.0226	−0.0922
0.95		0.00299	0.00306	0.0345	0.0369	0.0232	0.0239	−0.0880
	1.00	0.00279	0.00285	0.0319	0.0340	0.0243	0.0249	−0.0839
	0.95	0.00316	0.00324	0.0324	0.0345	0.0280	0.0287	−0.0882
	0.90	0.00360	0.00368	0.0328	0.0347	0.0322	0.0330	−0.0926
	0.85	0.00409	0.00417	0.0329	0.0347	0.0370	0.0378	−0.0970
	0.80	0.00464	0.00473	0.0326	0.0343	0.0424	0.0433	−0.1014
1.00	0.75	0.00526	0.00536	0.0319	0.0335	0.0485	0.0494	−0.1056
	0.70	0.00595	0.00605	0.0308	0.0323	0.0553	0.0562	−0.1096
	0.65	0.00670	0.00680	0.0291	0.0306	0.0627	0.0637	−0.1133
	0.60	0.00752	0.00762	0.0268	0.0289	0.0707	0.0717	−0.1166
	0.55	0.00838	0.00848	0.0239	0.0271	0.0792	0.0801	−0.1193
	0.50	0.00927	0.00935	0.0205	0.0249	0.0880	0.0888	−0.1215

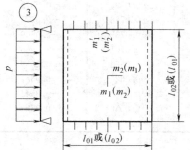

挠度＝表中系数$\times\dfrac{pl_{01}^4}{B_C}\left[\text{或}\times\dfrac{p\,(l_{01})^4}{B_C}\right]$；

$\nu=0$，弯矩＝表中系数$\times pl_{01}^2$〔或$\times p\,(l_{01})^2$〕。

这里 $l_{01}<l_{02}$，$(l_{01})<(l_{02})$。

对边简支、对边固定

附表 2-3

l_{01}/l_{02}	$(l_{01})/(l_{02})$	f	m_1	m_2	m_1' 或(m_2')
0.50		0.00261	0.0416	0.0017	−0.0843
0.55		0.00259	0.0410	0.0028	−0.0840
0.60		0.00255	0.0402	0.0042	−0.0834
0.65		0.00250	0.0392	0.0057	−0.0826

l_{01}/l_{02}	$(l_{01})/(l_{02})$	f	m_1	m_2	m_1' 或 (m_2')
0.70		0.00243	0.0379	0.0072	−0.0814
0.75		0.00236	0.0366	0.0088	−0.0799
0.80		0.00228	0.0351	0.0103	−0.0782
0.85		0.00220	0.0335	0.0118	−0.0763
0.90		0.00211	0.0319	0.0133	−0.0743
0.95		0.00201	0.0302	0.0146	−0.0721
1.00	1.00	0.00192	0.0285	0.0158	−0.0698
	0.95	0.00223	0.0296	0.0189	−0.0746
	0.90	0.00260	0.0306	0.0224	−0.0797
	0.85	0.00303	0.0314	0.0266	−0.0850
	0.80	0.00354	0.0319	0.0316	−0.0904
	0.75	0.00413	0.0321	0.0374	−0.0959
	0.70	0.00482	0.0318	0.0441	−0.1013
	0.65	0.00560	0.0308	0.0518	−0.1066
	0.60	0.00647	0.0292	0.0604	−0.1114
	0.55	0.00743	0.0267	0.0698	−0.1156
	0.50	0.00844	0.0234	0.0798	−0.1191

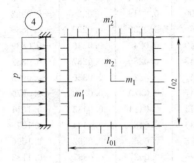

挠度＝表中系数$\times\dfrac{pl_{01}^4}{B_{\mathrm{C}}}$；

$\nu=0$，弯矩＝表中系数$\times pl_{01}^2$。

这里 $l_{01}<l_{02}$。

四边固定　　　　　　　　　　　　　　　　　附表 2-4

$l_{01}/l_{02}\ (l_{02}/l_{01})$	f	m_1	m_2	m_1'	m_2'
0.50	0.00253	0.0400	0.0038	−0.0829	−0.0570
0.55	0.00246	0.0385	0.0056	−0.0814	−0.0571
0.60	0.00236	0.0367	0.0076	−0.0793	−0.0571
0.65	0.00224	0.0345	0.0095	−0.0766	−0.0571
0.70	0.00211	0.0321	0.0113	−0.0735	−0.0569
0.75	0.00197	0.0296	0.0130	−0.0701	−0.0565
0.80	0.00182	0.0271	0.0144	−0.0664	−0.0559
0.85	0.00168	0.0246	0.0156	−0.0626	−0.0551
0.90	0.00153	0.0221	0.0165	−0.0588	−0.0541
0.95	0.00140	0.0198	0.0172	−0.0550	−0.0528
1.00	0.00127	0.0176	0.0176	−0.0513	−0.0513

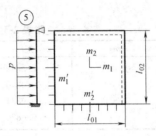

挠度＝表中系数$\times\dfrac{pl_{01}^4}{B_{\mathrm{C}}}$；

$\nu=0$，弯矩＝表中系数$\times pl_{01}^2$。

这里 $l_{01}<l_{02}$。

l_{01}/l_{02}	f	f_{max}	m_1	m_{1max}	m_2	m_{2max}	m_1'	m_2'
0.50	0.00468	0.00471	0.0559	0.00562	0.0079	0.00135	−0.1179	−0.0786
0.55	0.00445	0.00454	0.0529	0.00530	0.0104	0.00153	−0.1140	−0.0785
0.60	0.00419	0.00429	0.0496	0.00498	0.0129	0.00169	−0.1095	−0.0782
0.65	0.00391	0.00399	0.0461	0.00465	0.0151	0.00183	−0.1045	−0.0777
0.70	0.00363	0.00368	0.0426	0.00432	0.0172	0.00195	−0.0992	−0.0770
0.75	0.00335	0.00340	0.0390	0.00396	0.0189	0.00206	−0.0938	−0.0760
0.80	0.00308	0.00313	0.0356	0.00361	0.0204	0.00218	−0.0883	−0.0748
0.85	0.00281	0.00286	0.0322	0.00328	0.0215	0.00229	−0.0829	−0.0733
0.90	0.00256	0.00261	0.0291	0.00297	0.0224	0.00238	−0.0776	−0.0716
0.95	0.00232	0.00237	0.0261	0.00267	0.0230	0.00244	−0.0726	−0.0698
1.00	0.00210	0.00215	0.0234	0.00240	0.0234	0.00249	−0.0667	−0.0677

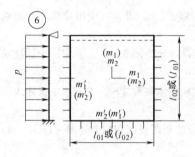

⑥

挠度＝表中系数$\times pl_{01}^4$〔或$\times p(l_{01})^4$〕；

$\nu=0$，弯矩＝表中系数$\times pl_{01}^2$〔或$\times p(l_{01})^2$〕。

这里 $l_{01}<l_{02}$，$(l_{01})<(l_{02})$。

l_{01}/l_{02}	$(l_{01})/(l_{02})$	f	f_{max}	m_1	m_{1max}	m_2	m_{2max}	m_1'	m_2'
0.50		0.00257	0.00258	0.0408	0.0409	0.0028	0.0089	−0.0836	−0.0569
0.55		0.00252	0.00255	0.0398	0.0399	0.0042	0.0093	−0.0827	−0.0570
0.60		0.00245	0.00249	0.0384	0.0386	0.0059	0.0105	−0.0814	−0.0571
0.65		0.00237	0.00240	0.0368	0.0371	0.0076	0.0116	−0.0796	−0.0572
0.70		0.00227	0.00229	0.0350	0.0354	0.0093	0.0127	−0.0774	−0.0572
0.75		0.00216	0.00219	0.0331	0.0335	0.0109	0.0137	−0.0750	−0.0572
0.80		0.00205	0.00208	0.0310	0.0314	0.0124	0.0147	−0.0722	−0.0570
0.85		0.00193	0.00196	0.0289	0.0293	0.0138	0.0155	−0.0693	−0.0567
0.90		0.00181	0.00184	0.0268	0.0273	0.0159	0.0163	−0.0663	−0.0563
0.95		0.00169	0.00172	0.0247	0.0252	0.0160	0.0172	−0.0631	−0.0558
1.00	1.00	0.00157	0.00160	0.0227	0.0231	0.0168	0.0180	−0.0600	−0.0550
	0.95	0.00178	0.00182	0.0229	0.0234	0.0194	0.0207	−0.0629	−0.0559
	0.90	0.00201	0.00206	0.0228	0.0234	0.0223	0.0238	−0.0656	−0.0653
	0.85	0.00227	0.00233	0.0225	0.0231	0.0255	0.0273	−0.0683	−0.0711
	0.80	0.00256	0.00262	0.0219	0.0224	0.0290	0.0311	−0.0707	−0.0772
	0.75	0.00286	0.00294	0.0208	0.0214	0.0329	0.0354	−0.0729	−0.0837
	0.70	0.00319	0.00327	0.0194	0.0200	0.0370	0.0400	−0.0748	−0.0903
	0.65	0.00352	0.00365	0.0175	0.0182	0.0412	0.0446	−0.0762	−0.0970
	0.60	0.00386	0.00403	0.0153	0.0160	0.0454	0.0493	−0.0773	−0.1033
	0.55	0.00419	0.00437	0.0127	0.0133	0.0496	0.0541	−0.0780	−0.1093
	0.50	0.00449	0.00463	0.0099	0.0103	0.0534	0.0588	−0.0784	−0.1146

参 考 文 献

[1] 东南大学、同济大学、天津大学合编. 混凝土结构（中册）（第五版）[M]. 北京：中国建筑工业出版社，2012.

[2] 叶列平编著. 混凝土结构（上册）[M]. 北京：中国建筑工业出版社，2012.

[3] 龙驭球、包世华、袁驷主编. 结构力学（第3版）[M]. 北京：高等教育出版社，2012.

[4] 中华人民共和国国家标准. GB 50010—2010 混凝土结构设计规范 [S]. 北京：中国建筑工业出版社，2011.

[5] 中华人民共和国国家标准. GB 5009—2012 建筑结构荷载规范 [S]. 北京：中国建筑工业出版社，2012.

[6] 中华人民共和国国家标准. GB 5007—2011 建筑地基基础设计规范 [S]. 北京：中国建筑工业出版社，2011.

[7] 中华人民共和国国家标准. GB 5011—2010 建筑抗震设计规范 [S]. 北京：中国建筑工业出版社，2010.

[8] 中华人民共和国国家标准. GB 50223—2008 建筑工程抗震设防分类标准 [S]. 北京：中国建筑工业出版社，2008.

[9] 中华人民共和国行业标准. JGJ 3—2010 高层建筑混凝土结构技术规程 [S]. 北京：中国建筑工业出版社，2011.

[10] 国家建筑标准设计图集. 混凝土结构施工图平面整体表示方法制图规则和构造详图（11G101-1）[M]. 北京：中国建筑标准设计研究所出版，2011.

[11] 陈国兴、樊良本、陈甦编著. 土质学与土力学 [M]. 北京：中国水利水电出版社，2006.

[12] 叶献国、徐秀丽主编. 土木工程结构 CAD 应用基础（第二版）[M]. 北京：中国建筑工业出版社，2007.